安全风险分级管控
和隐患排查治理
作业指导书

南水北调东线山东干线有限责任公司 编

中国水利水电出版社
www.waterpub.com.cn
·北京·

内 容 提 要

本书为山东南水北调风险分级管控和隐患排查治理的指导书,全书分为上、下两篇。上篇为安全风险分级管控,共 8 章,包括范围,规范性引用文件,术语和定义,基本要求,作业程序和内容,信息化、智慧化管理,动态管理及档案文件管理,持续改进与创新。下篇为隐患排查治理,共 9 章,包括范围,规范性引用文件,术语和定义,基本要求,隐患分级与分类,工作程序和内容,信息化管理,动态管理及档案文件管理,持续改进与创新。

本书适合水利行业的相关人员参考使用。

图书在版编目（CIP）数据

安全风险分级管控和隐患排查治理作业指导书 / 南水北调东线山东干线有限责任公司编. -- 北京：中国水利水电出版社, 2023.3
 ISBN 978-7-5226-1517-2

Ⅰ. ①安… Ⅱ. ①南… Ⅲ. ①南水北调－水利工程－风险管理－山东 Ⅳ. ①TV68

中国国家版本馆CIP数据核字(2023)第082407号

书　　名	**安全风险分级管控和隐患排查治理作业指导书** ANQUAN FENGXIAN FENJI GUANKONG HE YINHUAN PAICHA ZHILI ZUOYE ZHIDAOSHU
作　　者	南水北调东线山东干线有限责任公司　编
出版发行	中国水利水电出版社 （北京市海淀区玉渊潭南路1号D座　100038） 网址：www.waterpub.com.cn E-mail：sales@mwr.gov.cn 电话：（010）68545888（营销中心）
经　　售	北京科水图书销售有限公司 电话：（010）68545874、63202643 全国各地新华书店和相关出版物销售网点
排　　版	中国水利水电出版社微机排版中心
印　　刷	天津嘉恒印务有限公司
规　　格	184mm×260mm　16开本　14.75印张　265千字
版　　次	2023年3月第1版　2023年3月第1次印刷
印　　数	0001—1000 册
定　　价	**128.00元**

凡购买我社图书,如有缺页、倒页、脱页的,本社营销中心负责调换

版权所有·侵权必究

编 委 会

主　编：薛　峰
副主编：夏祥哲　常　青　翟庆民
参　编：刘晓娜　郭学博　魏晓燕　王　晓　孟　可
　　　　伦智达　董卫军　井　园　李　佳　葛立顺
　　　　李忻语　赵广潞　赵庆贵　聂梦爱　焦凌玥
　　　　李大为　赵　超　翟一鸣　戴　昂　刘川川
　　　　刘钦冬　肖　楠　康　晴　吕成熙　张　洋
　　　　韩宗凯　王　鹏　李　昂　王传宝　刘亚宁
　　　　周洪旭　赵　鑫　马海锋　刘鸿五　滕爱玲
　　　　李　申　付大伟　王庆帅　刘依龙　张新雨
　　　　徐　力

前 言

南水北调工程是党中央、国务院决策实施的优化我国水资源配置、缓解北方水资源严重短缺局面、实现经济社会可持续发展的重大战略性基础设施。南水北调工程是我国兴建的超大型跨流域调水工程，是迄今为止世界上规模最大的调水工程，是优化我国水资源配置的重大战略性基础设施。南水北调东线一期山东段工程（简称"南水北调东线山东干线工程"）主要缓解山东半岛和鲁北地区城市缺水问题，并为向河北、天津应急供水创造条件。山东境内规划为南北、东西两条输水干线，全长1191km，其中南北干线长487km，东西干线长704km，形成"T"形输水大动脉和现代水网大骨架。一期工程供水区范围涉及我省的13个设区市、68个县（市、区）。建成运行后，每年可向山东省调引长江水13.53亿m^3，同时调配了水资源布局，实现长江水、淮河水、黄河水和当地水的联合调度、优化配置，为保障山东省经济社会可持续发展提供水资源支撑。

南水北调东线山东干线工程包括韩庄运河段工程、南四湖水资源控制及水资源监测工程、南四湖下级湖蓄水位抬高影响处理工程、南四湖—东平湖段工程、东平湖蓄水影响处理工程、东平湖—济南段工程、济南—引黄济青段工程、穿黄河工程、鲁北输水工程、管理专项（调度运行管理系统工程和管理设施专项）和截污导流工程11个单项工程。整个输水干线的建设内容可概括为"七站""六河""三库""两湖""一洞"。"七站"是指新建台儿庄、万年闸、韩庄、二级坝、长沟、邓楼、八里湾等七级泵站；"六河"是指疏浚扩挖韩庄运河、梁济运河、柳长河、小运河、七一·六五河、胶东输水干渠等六条河道；"三库"是指新建东湖、双王城、大屯等三座调蓄水库；"两湖"是指防渗处理和疏通南四湖、东平湖两座大型湖泊；"一洞"是指穿黄隧洞工程。

南水北调东线山东干线工程于 2002 年 12 月 27 日开工建设，经过 11 年建设，于 2013 年 11 月基本完成一期工程建设任务，顺利实现干线工程全线通水目标。2016 年 3 月 10 日，调引长江水到达山东省最东端的威海市，标志着山东省南水北调一期工程 13 个设区市的规划供水范围目标全部实现。通水运行近 10 年以来，干线公司累计调引长江水 53.68 亿 m^3；向胶东地区输送黄河水、雨洪水 10.78 亿 m^3；生态补水 7.37 亿 m^3，改变了南四湖、东平湖无法有效补充长江水的历史；为小清河补源 2.45 亿 m^3，为济南市保泉补源供水 1.65 亿 m^3，改善了小清河流域水质和沿线生态环境，保证了济南泉水的持续喷涌；多次配合地方防洪排涝，累计泄洪、分洪 5.48 亿 m^3，有效减轻了工程沿线地市的防洪压力；打通东平湖、南四湖到长江的水上通道，实现了山东内河航运通江达海；北延应急供水 2.66 亿 m^3，为缓解华北地区地下水超采、促进京津冀协同发展提供了重要支撑和保障；向京杭大运河补水 1.56 亿 m^3，助力大运河百年来首次实现全线通水。南水北调东线山东干线工程作为综合性多功能调水工程，在全省优化水资源配置中的地位和作用不断显现，助推山东省多水源保障水平大幅提升。

南水北调东线山东干线有限责任公司（简称"干线公司"）的主要任务是承担南水北调东线一期山东境内工程建设的组织实施和建成后的运行管理。2013 年，山东干线工程通水运行。干线公司分公司总部、二级机构和三级机构，公司总部设有党群工作部、行政法务部、资产管理与计划部、财务管理部、工程管理部、调度运行与信息化部、技术委员会办公室、纪委办公室等职能部门；二级机构设有济南、枣庄、济宁、泰安、德州、聊城、胶东 7 个管理局；设立济南、济宁和聊城应急抢险中心，水质监测预警中心和南四湖水资源监测中心，共 5 个中心；三级机构设立 3 个水库管理处、7 个泵站管理处、9 个渠道管理处、1 个穿黄河工程管理处，共 20 个管理处，按属地分别由 7 个管理局管辖。各管理局、管理处对所辖工程进行运行管理，实行三级管理体制。

南水北调东线山东干线工程点多线长、涉及的行政区域众多，建筑物类型全面、结构型式多样、设施设备种类繁多，技术较为复杂，一旦发生突发事件将会给工程的运行管理带来较大危害。水利部也将水利安全风险分级管控工作作为水利安全生产监督管理工作的重点。公司根据国务院和山东省人民政府、山东省水利厅等上级单位的文件通知要求，自 2019 年开始开展山东南水北调风险分级管控和隐患排查治理"双重预防体系"建设工作，于 2020 年全面完成了山东干线工程（20 个管理处）各类工程设备设施的危险源辨识、风险评价、分级管控和隐患排查治理工作，形成了宝贵的档案资料，逐步建立起了相对完整的"双重预防体系"。

为便于推广指导山东南水北调风险分级管控和隐患排查治理体系建设，现编著《安全风险分级管控和隐患排查治理作业指导书》，分上下两篇，上篇为"安全风险分级管控"，下篇为"隐患排查治理"。

由于时间仓促，书中难免存在不当之处，敬请读者批评指正。

编者

2023 年 1 月

目 录

前言

上篇　安全风险分级管控

1	范围	3
2	规范性引用文件	3
3	术语和定义	5
	3.1 风险	5
	3.2 可接受风险	5
	3.3 危险源	5
	3.4 危险源及风险辨识	5
	3.5 风险点	5
	3.6 风险评价	6
	3.7 风险信息	6
4	基本要求	6
	4.1 组织机构与职责	6
	4.2 教育培训	6
	4.3 融合管理	7
5	作业程序和内容	7
	5.1 风险点确定	7
	5.2 危险源辨识	9
	5.3 风险评价	12
	5.4 风险级别	14
	5.5 风险控制措施	14
	5.6 风险分级管控	16

  5.7 安全风险告知 ··· 18
  5.8 职业危害防控 ··· 19
  5.9 管控效果 ··· 19
6 信息化、智慧化管理 ··· 20
  6.1 信息化管理 ·· 20
  6.2 智慧化管理 ·· 20
7 动态管理及档案文件管理 ··· 21
  7.1 动态管理 ··· 21
  7.2 档案文件管理 ··· 22
8 持续改进与创新 ··· 22
  8.1 总结评审 ··· 22
  8.2 更新与创新 ·· 22
  8.3 交流与沟通 ·· 23
附录A 工程运行重大危险源（判定）清单表 ····································· 25
附录B 风险点划分成果表样及示例 ··· 38
附录C （资料性）风险辨识评价方法 ·· 49
附录D （规范性）水利行业涉及危险化学品安全风险的品种目录 ············· 87
附录E （资料性）重大风险管控清单示例 ·· 88
附录F （规范性）危险源辨识与风险评价报告 ································· 130

下篇 隐患排查治理

1 范围 ·· 133
2 规范性引用文件 ··· 133
3 术语和定义 ··· 134
  3.1 事故隐患 ··· 134
  3.2 隐患排查 ··· 134
  3.3 隐患治理 ··· 134
  3.4 隐患信息 ··· 134
  3.5 水利工程安全鉴定 ··· 135
4 基本要求 ·· 135
  4.1 组织机构和职责 ·· 135

  4.2 教育培训 ………………………………………………………………… 135
  4.3 融合管理 ………………………………………………………………… 136
5 隐患分级与分类 ………………………………………………………………… 136
  5.1 隐患分级 ………………………………………………………………… 136
  5.2 隐患分类 ………………………………………………………………… 136
6 工作程序和内容 ………………………………………………………………… 137
  6.1 总则 ……………………………………………………………………… 137
  6.2 编判排查项目清单 ……………………………………………………… 138
  6.3 事故隐患排查计划 ……………………………………………………… 139
  6.4 排查实施及标准 ………………………………………………………… 139
  6.5 隐患的排查和治理 ……………………………………………………… 141
  6.6 隐患治理验收 …………………………………………………………… 142
  6.7 事故隐患的报告和统计分析 …………………………………………… 144
  6.8 事故隐患复盘 …………………………………………………………… 144
7 信息化管理 ……………………………………………………………………… 145
8 动态管理及档案文件管理 ……………………………………………………… 145
  8.1 动态管理 ………………………………………………………………… 145
  8.2 档案文件管理 …………………………………………………………… 146
  8.3 隐患排查治理效果 ……………………………………………………… 147
9 持续改进与创新 ………………………………………………………………… 147
  9.1 总结评审 ………………………………………………………………… 147
  9.2 更新与创新 ……………………………………………………………… 147
  9.3 交流与沟通 ……………………………………………………………… 148
附录 A （规范性）基础管理类隐患排查清单 ………………………………… 150
附录 B （规范性）生产现场类隐患排查清单 ………………………………… 157
附录 C （资料性）水利工程运行管理生产安全重大事故隐患清单 ……… 205
附录 D （资料性）隐患排查计划表 …………………………………………… 207
附录 E （资料性）安全事故隐患检查表 ……………………………………… 209
附录 F （资料性）隐患整改通知书表样 ……………………………………… 214

参考文献 …………………………………………………………………………… 218

上篇
安全风险分级管控

1 范围

"安全风险管控"（上篇）规定了南水北调东线山东干线工程风险分级管控体系建设的基本程序、风险识别及评价、档案记录、分级管控绩效评价以及持续改进等内容。适用于南水北调东线山东干线工程风险分级管控体系建设、管理及绩效评价，与"隐患排查治理"（下篇）配合使用。其他水利工程也可参照本指导书使用。

2 规范性引用文件

下列文件中的内容通过文中的规范性引用而构成本篇必不可少的条款。其中，注明日期的引用文件，仅该日期对应的版本适用于本篇；不注日期的引用文件，其最新版本（包括所有的修改单）适用于本篇。

《图形符号安全色和安全标志 第5部分：安全标志使用原则与要求》（GB/T 2893.5）

《安全标志及其使用导则》（GB 2894—2008）

《重大火灾隐患判定方法》（GB 35181）

《风险管理术语》（GB/T 3694—2013）

《企业职工伤亡事故分类实用标准》（GB 6441）

《生产过程危险和有害因素分类与代码》（GB 13861）

《公共信息导向系统设置原则与要求 总则》（GB/T 15566.1—2020）

《危险化学品重大危险源辨识》（GB 18218）

《电气设备应用场所的安全要求 第1部分：总则》（GB/T 24612.1—2009）

《电力安全工作规程 发电厂和变电站电气部分》（GB 26860—2011）

《泵站技术管理规程》（GB/T 30948—2014）

《职业健康安全管理体系要求及使用指南》（GB/T 45001—2020）

《水闸技术管理规程》（SL 75—2014）

《水库工程管理设计规范》（SL 106—2017）

《土石坝养护修理规程》（SL 210—2015）

《水库大坝安全评价导则》（SL 258—2017）

《水利水电工程安全监测系统运行管理规范》（SL/T 782）

《水库工程运行管理单位生产安全事故隐患排查治理体系实施指南》（DB

37/T 4264)

《国家安全监管总局办公厅关于印发用人单位职业病危害告知与警示标识管理规范的通知》（安监总厅安健〔2014〕111号）

《水利行业涉及危险化学品安全风险的品种目录》（办安监函〔2016〕849号）

《水利工程生产安全重大事故隐患清单指南（2021年版）》（水安监〔2021〕364号）

《水利部办公厅关于印发水利水电工程（水库、水闸）运行危险源辨识与风险评价导则（试行）的通知》（办监督函〔2019〕1486号）

《水利部办公厅关于印发水利水电工程（水电站、泵站）运行危险源辨识与风险评价导则（试行）的通知》（办监督函〔2020〕1114号）

《水利部办公厅关于印发水利水电工程（堤防、淤地坝）运行危险源辨识与风险评价导则（试行）的通知》（办监督函〔2021〕1126号）

《水利部办公厅关于印发水利水电工程施工危险源辨识与风险评价导则（试行）的通知办》（办监督函〔2018〕1693号）

《南水北调工程供用水管理条例》

《山东省南水北调条例》

《山东省安全生产条例》

《山东省安全生产风险管控办法》

《水利部关于开展水利安全风险分级管控的指导意见》

《南水北调工程安全防范要求》

《职业健康安全管理体系要求及使用指南》

《山东省安全生产风险分级管控体系通则》

《建筑施工企业安全生产风险分级管控体系细则》

《工贸企业安全生产风险分级管控体系细则》

《水利工程运行管理单位安全生产风险分级管控体系细则》（DB 37/T 3512—2019）

《灌区工程运行管理单位安全生产风险分级管控体系实施指南》（DB 37/T 4259—2020）

《河道工程运行管理单位安全生产风险分级管控体系实施指南》（DB 37/T 4261—2020）

《水库工程运行管理单位安全生产风险分级管控体系实施指南》（DB 37/T 4263—2020）

《引调水工程运行管理单位安全生产风险分级管控体系实施指南》（DB

37/T 4265—2020)

《山东省水利工程运行管理单位风险分级管控和隐患排查治理体系评估办法及标准（试行）》

其他安全生产相关法规、标准、政策以及相关管理制度等且不限于上述文件。

3 术语和定义

下列术语和定义适用于本篇。

3.1 风险

风险是指生产安全事故或健康损害事件发生的可能性和严重性的组合。可能性是指事故（事件）发生的概率；严重性是指事故（事件）一旦发生后，将造成的人员伤害和经济损失的严重程度。

［引自《质量管理体系 基础和术语》（GB/T 19000—2016）3.7.9条，有修改］

3.2 可接受风险

根据企业法律义务和职业健康安全方针已被企业降至可容许程度的风险。

3.3 危险源

可能导致伤害和健康损害的根源或状态。危险源是一个系统中具有潜在能量和物质释放危险的、可造成人员伤害，在一定的触发因素作用下可转化为事故的部位、区域、场所、空间、岗位、设备及其位置。

［引自《职业健康安全管理体系要求及使用指南》（GB/T 45001—2020）］

3.4 危险源及风险辨识

识别组织整个范围内所有存在的危险源并确定其特性的过程。风险是危险源的属性，危险源是风险的载体。

3.5 风险点

风险伴随的设施、部位、场所和区域，以及在设施、部位、场所和区域实施的伴随风险的作业活动，或它们的组合，亦称为风险单元或危险源辨识单元。

3.6 风险评价

对危险源在一定触发因素作用下导致事故发生的可能性及危害程度进行调查、分析、论证等，以判断危险源风险程度，确定风险等级的过程。

［引自《风险管理 术语》（GB/T 23694—2013）4.7.1 条，有修改］

3.7 风险信息

包括危险源名称、类型、存在位置、当前状态以及伴随风险大小、等级、所需管控措施等一系列信息的综合。

4 基本要求

4.1 组织机构与职责

4.1.1 干线公司成立风险分级管控和隐患排查治理领导小组（简称"双重预防体系"领导小组），由干线公司领导班子成员、各岗位主要负责人等组成，干线公司主要负责人担任领导小组组长。全面负责干线公司的安全生产风险分级管控与隐患排查治理工作的研究、统筹、协调、指导和保障等工作。领导小组下设办公室，作为日常办事机构，设在安全质量部。

4.1.2 各管理局（中心）、管理处成立"双重预防体系"机构，负责各自的"双重预防体系"危险源辨识、风险评价、分级管控与隐患排查治理体系建设运行等工作。

4.1.3 全员参与"双重预防体系"建设运行工作，各岗位应根据工作分工和职责积极参与安全风险分级管控工作，开展日常风险评估，接受安全教育培训，严格执行风险管控措施。

4.1.4 按照干线公司制定的监督检查管理办法中的要求，各部门、各单位负有职责及管辖范围内的风险分级管控的监督检查与管理责任。

4.1.5 干线公司制定对风险分级管控与隐患排查治理体系建设成果的评价体系，强化风险分级管控情况作为落实安全生产责任制的重要内容，纳入年度考核，发挥考核引导作用，促进各项工作责任落实。

4.2 教育培训

4.2.1 将风险分级管控和隐患排查治理培训纳入安全培训计划，提高风险意识，强化安全风险分级管控教育，提高员工安全知识和安全技能水平，使员工能够有效识别危害因素、控制风险。

4.2.2 干线公司开展风险分级管控和隐患排查治理全员培训，每年不少于8学时。培训内容主要为双重预防岗位责任、危险源辨识以及风险评价的方法和管控要求等，健全教育培训考核档案。

4.2.3 干线公司全员参与风险分级管控活动，通过专题讲座、技术培训讲课、安全规程培训考试、安全知识竞赛、安全月活动等多种形式开展安全教育培训工作，确保风险分级管控覆盖各区域、场所、岗位、各项作业和管理活动。

4.3 融合管理

干线公司将风险分级管控、事故隐患排查治理、安全生产标准化及企业标准等工作全面融合，形成一体化的安全管理体系。使风险分级管控贯穿于生产经营活动全过程，成为干线公司各层级、各岗位日常工作的重要组成部分。

5 作业程序和内容

5.1 风险点确定

5.1.1 风险点划分原则

风险点划分应遵循"大小适中、便于分类、功能独立、易于管理、范围清晰"的原则，要与资产管理、工程巡视、检查及相关岗位工作紧密结合。

5.1.2 风险点划分方法

风险点划分应通过现场查勘调研、查阅档案资料、座谈询问等方式，组织技术、工程管理、调度运行、安全管理、设备管理等专业人员开展。要求如下：

（1）根据工程运行管理现状，按照工艺流程、设备设施、作业场所、区域等功能独立的单元进行风险点划分。

（2）根据南水北调东线山东干线工程特点，风险点按照平原水库、泵站、水闸、渠道四个大类划分，同时应满足"横向到边、纵向到底"的原则。具体划分如下：

1) 平原水库可划分为：围坝（可若干段），进水闸（包括相关连接段等），入库泵站，供水（洞）闸，出（泄）水闸，节制闸，变、配电系统，自动监控及调度系统，消防设施系统，自动化通信系统，办公（调度）楼，职工食堂，值班楼，仓库及其他管理区域，设施等若干风险点。

2）泵站可划分为：引水闸，出水闸，节制闸，清污机，水泵机组，变、配（供）电系统，消防设施系统，自动化通信，监控系统，主、副厂房，办公楼，职工食堂，值班楼，仓库及其他管理区域，设施等若干风险点。

3）渠系工程可划分为：控制性水闸（包括节制闸、排涝闸、泄水闸、进、出水闸等）、穿黄隧洞、较大型倒虹、暗涵、滩地埋管、渠段（划分长度原则上为 20km 左右，以相应管理范围内适宜的建、构筑物为节点，且包含除前述以外的所有桥、涵、闸、管槽等小型交叉建筑物，管理站所，码头等及附属设施设备等），变、配（供）电系统，消防设施系统，自动化通信，监控系统及管理区域，设施等若干风险点。

4）工程运行重大危险源（判定）清单表见附录 A。

注：山东干线工程运行管理场所区域一般包括办公用变、配电室，值班室，供水泵房，物料仓库，办公区域，电子信息系统机房，伙房，安全防护设施，污水处理及排放设施等。

5.1.3 风险点相关排查

应对风险点进行排查，对划分的风险点登记风险点台账，并依据每个风险点单元体的具体情况进行相关的清单登记，登记内容主要有水工建（构）筑物类、水工机械及设备设施类（金属结构类）、作业活动类、管理类、场所区域环境类和它们的组合，形成以下清单：

（1）设备设施清单。主要包括以下内容：

1）水工建（构）筑物：挡水建筑物，泄水建筑物，进（出）水建筑物（水闸），闸室及连接段，输水建筑物，泵房，变、配电室，码头，管理房，排涝和供水专用建筑物、渠系建筑物、交通桥梁及道路等。

2）水工机械、设备设施类（含小型金属结构）：水泵机组及附属设备，电气设备（输变电、供配电），控制辅助设备（包括防雷装置等），各类闸门及启闭机械，单、双向通用门机，电动葫芦，拦污与清污设备，特种设备，发电机组及附件，融冰破冰设备，管理设施等。

3）其他设施设备：调度及自动化系统，通信系统，视频监控系统，辅助性控制设备设施，消防设施系统，测水计量设备等。

（2）作业活动清单。一般包括闸门启闭、设备作业运行、起重机吊装作业、备用发电机组运行、调度供水、有限空间作业、动火和动土作业、临水作业、高空作业、巡视检查、设备设施检修及维修、安全监测、设备试验、试车、管理及相关方监管、炊事作业等作业活动。

（3）场所区域清单。一般包括办公用变配电室、值班室、供水泵房、物料仓库、办公区域、电子信息系统机房、安全防护设施、污水处理及排放设施、自然环境、工作环境、职工活动室、职工食堂等。

5.1.4 风险点划分登记

主要风险点台账和记录包括风险点登记台账、设备设施清单、作业活动清单、场所区域清单等。按照要求填写风险点名称、类型、可能导致事故类型及后果、责任单位等基本信息及相关记录。风险点划分成果表样及示例见附录B。

5.2 危险源辨识

5.2.1 危险源三要素和构成

（1）危险源三要素。

1）潜在危险性：指一旦触发事故，可能带来的危害程度或损失大小，或者说危险源可能释放的能量强度或危险物质量的大小。

2）存在条件：指危险源所处的物理状态、化学状态和约束条件状态。

3）触发因素：不属于危险源的固有属性，但它是危险源转化为事故的外因，而且每一类型的危险源都有相应的敏感触发因素。

（2）危险源构成。

1）根源：具有能量或产生、释放能量的物理实体，如机械设备、电气设备、压力容器等。

2）行为：决策人员、管理人员以及从业人员的决策行为、管理行为以及作业行为。

3）状态：包括物的状态和作业环境的状态。

5.2.2 重大危险源

重大危险源是指长期或者临时地生产、搬运、使用或者储存危险物品，且危险物品的数量等于或者超过临界量的单元（包括场所和设施）。

（1）水电站、泵站工程运行重大危险源是指在水电站、泵站工程运行管理过程中存在的，可能导致人员重大伤亡、健康严重损害、财产重大损失或环境严重破坏，在一定的触发因素作用下可转化为事故的根源或状态。

[引自《水利部关于印发水利水电工程（水电站、泵站）运行危险源辨识与风险评价导则（试行）》中的定义]

（2）水库、水闸工程运行重大危险源是指在水库、水闸工程运行管理过程中存在的，可能导致人员重大伤亡、健康严重损害、财产重大损失或环境严重破坏，在一定的触发因素作用下可转化为事故的根源或状态。

［引自《水利部关于印发水利水电工程（水库、水闸）运行危险源辨识与风险评价导则（试行）》中的定义］

（3）堤防、淤地坝工程运行重大危险源是指在堤防、淤地坝工程运行管理过程中存在的，可能导致人员重大伤亡、健康严重损害、财产重大损失或环境严重破坏，在一定的触发因素作用下可转化为事故的根源或状态。

［引自《水利部关于印发水利水电工程（堤防、淤地坝）运行危险源辨识与风险评价导则（试行）》中的定义］

5.2.3 在分析生产过程中对人造成伤亡、影响人的身体健康甚至导致疾病的因素时，危险源可称为危险有害因素，分为人的因素、物的因素、环境因素和管理因素四类。

5.2.4 危险源辨识及范围

应对风险点内存在的危险源进行辨识，覆盖风险点内全部的设备设施和作业活动，并充分考虑不同状态和不同环境带来的影响。具体规定如下：

（1）对有可能产生危险的根源或状态进行分析，识别危险源的存在并确定其特性的过程，包括辨识出危险源以判定危险源类别与级别。

（2）应考虑工程正常运行受到影响或工程结构受到破坏的可能性，相关人员在工程管理范围内发生危险的可能性；储存物资的危险特性、数量以及仓储条件；环境、设备的危险特性因素。作业场所的材料工器具、车辆、安全防护用品；作业步骤或作业内容相关的管理和其他管理活动；工艺、设备、材料、能源、人员等更新、变更等情况。

（3）根据风险点登记台账、设备设施清单、作业活动清单和场所区域清单等相关资料，覆盖所有设备设施、作业活动和场所区域，进行综合分析判定危险源。

5.2.5 危险源辨识方法

根据水利部办监督函〔2019〕1486号、办监督函〔2020〕1114号、办监督函〔2021〕1126号，危险源辨识方法主要有直接判定法、安全检查表法（SCL法）、预先危险性分析法（PHA法）、工作危害分析法（JHA法）、因果分析法（CFA法）等。其方法选择规定如下：

（1）应优先采用直接判定法，不能用直接判定法辨识的，应采用其他方法进行判定。

（2）设备设施危险源辨识应采用安全检查表法（SCL法）等方法。

（3）作业活动危险源辨识应采用作业危害分析法（JHA）等适宜的方法，进行岗位危险源辨识。

（4）涉及危险化学品的，执行GB 18218的规定。参见附录D。

5.2.6 重大危险源确定

根据水利部办监督函〔2019〕1486号、办监督函〔2020〕1114号、办监督函〔2021〕1126号、GB 18218—2018等附件中的各类工程重大危险源清单和相关文件标准，结合南水北调东线山东干线工程运行管理实际，经综合分析研究判定了适合干线公司现阶段平原水库、泵站、水闸和渠系工程的重大危险源清单，内容见附录A。

5.2.7 一般危险源辨识

应考虑人的因素、物的因素、环境因素、管理因素，重点考虑较大危险因素。对初步形成的危险源辨识结果进行评审、补充、修订。

在识别环境因素、危险源、环境/健康安全影响时，主要考虑以下几方面：

（1）环境因素、危险源的识别范围覆盖干线公司范围内所有区域、原材料及调度运行过程中的各个环节，包括相关方活动对环境/健康安全产生的影响。

（2）变更包括已纳入计划的或新开发，以及新的或修改的活动、产品和服务对环境/健康安全影响。

（3）人员包括进入工作场所的人员，如干线公司员工、承包商、访问者和其他人员。

（4）环境因素、危险源的识别同时考虑过去、现在、将来三种时态，正常、异常、紧急三种状态，以及以下类型：

1）向大气排放的污染物：如汽车尾气、油烟等。

2）向水体排放的污染物：如工业废水、生活污水等。

3）向水体排放的污染物：如工业废水、生活污水等。

4）固体废物、危险废物：如调度运行中的废弃物、生活垃圾和机器废油、废化学清洗剂等。

5）噪声排放：如机器噪声等。

6）对周围小区及居民生活的影响。

7）水、电、原材料等能源资源的消耗。

8）工作场所的基础设施、设备和材料，无论是否由组织或外界提供，都有可能导致人员受到火灾、中毒、爆炸、坠落伤害、机械伤害、化学与生物伤害事件等。

9) 人员行为、能力和其他人为因素精神与心理伤害、化学与生物伤害事件等。

注：人员包括进入工作场所的人员，如干线公司员工、承包商、访问者和其他人员。

5.2.8 一般危险源辨识方法

重大危险源，直接判定；一般危险源，主要采用安全检查表法（SCL法）、预先危险性分析法（PHA法）、工作危害分析法（JHA法）[又称为工作安全分析法（JSA法）]、因果分析法（CFA法）等。规定如下：

（1）设备设施危险源：运用安全检查表法（SCL法）开展危险源辨识时，依照《设备设施清单》，将根源性危险源存在部位作为检查项目；检查标准为防止能量意外释放，辨识出不符合标准的情况及可能造成的事故类型和后果。

（2）作业活动危险源辨识方法：可采用工作危害分析法（JHA法）开展危险源辨识，依照作业活动清单，对每一项作业活动进行细分，识别出作业活动的具体步骤或内容。逐条对作业活动具体步骤，辨识出不符合标准的情况及可能造成的事故、频次、类型和后果。

（3）场所区域危险源辨识方法：可采用工作危害分析法（JHA法）、安全检查表法（SCL法）或作业条件危险性分析法（LEC法）对场所区域的危险源辨识，建立工作危害分析评价记录。

5.3 风险评价

5.3.1 风险评价方法

评价方法主要有直接判定法、风险矩阵法（LS法）、作业条件危险性评价法（LEC法）等，对危险源所伴随的风险进行定性、定量、半定量评价，并根据评价结果划分等级。也可结合实际采用危险指数方法、事故后果模拟分析法等。还可选用风险程度分析法（MES法）、危险指数法（RR法）、职业病危害分级法等评价方法，详见附录C。方法选用及优先等级评定规定如下：

（1）依据表A.1-1～表A.5-1重大危险源清单中的相关内容，重大危险源的风险等级直接评定为重大风险。不能用直接判定法辨识的，应采用其他（上述）方法进行综合判定。

（2）对于工程维修养护等作业活动或工程管理范围内可能影响人身安全

的一般危险源，评价方法宜采用作业条件危险性评价法（LEC法）、风险矩阵法（LS法）等。

注：水利部办监督函〔2019〕1486号、办监督函〔2020〕1114号、办监督函〔2021〕1126号和山东省《灌区、河道、水库和引调水工程运行管理单位安全生产风险分级管控体系实施指南》等有相应规定。

5.3.2 风险评价准则

在对风险点和各类危险源进行风险评价时，应结合自身可接受风险实际，制定事故（事件）发生的可能性、严重性、频次、风险值的取值标准和评价级别进行风险评价。风险判定准则的制定应考虑以下要求：

（1）相关的安全生产法律、法规以及规章制度。

（2）相关的设计标准、技术规程规范。

（3）本单位的安全生产方针和目标、安全管理和技术要求。

（4）本单位的工程设施设备现状。

（5）借鉴国内外发生的各类安全事故。

（6）相关方的投诉。

5.3.3 重大风险

应科学、准确、合情、合理，结合本单位工程实际进行风险评价。对有下列情形之一的，可直接判定为重大风险：

（1）违反法律、法规及国家标准中强制性条款的。

（2）对于经过重大风险评审的动火作业、高处作业、受限空间作业、吊装作业等，可直接判定为重大风险。

（3）发生过死亡、重伤、重大财产损失事故，或者3次以上轻伤、一般财产损失事故，且发生事故的条件依然存在的。

（4）具有溃堤（坝）、漫坝、管涌、塌陷、边坡失稳、中毒、爆炸、火灾、坍塌等危险的场所或设施，可能伤害人员在10人及以上的。

（5）可能造成大中城市供水中断，或造成1万户以上居民停水24h以上事故的。

（6）涉及符合国家、行业及地方等标准、文件中判定重大危险源的。

（7）根据附录A中表格确定为重大危险源的，一般危险源经综合判断为一级风险的。

（8）涉及危险化学品重大危险源的（附录D）。

（9）经风险评价确定为最高级别风险的。

结合本单位管理水平和工程实际情况，经分析论证判断出重大风险均列为一级风险，登记造册，严格管控。重大风险管控清单示例见附录 E。

5.3.4 较大风险

对有下列情形之一的，可直接判定为较大风险：

（1）发生过 1 次以上不足 3 次的轻伤、一般财产损失事故，且发生事故的条件依然存在的。

（2）具有中毒、爆炸、火灾等危险因素的场所，且同一作业时间作业人员在 3 人以上不足 10 人的。

（3）经评价确定的其他较大风险。

5.4 风险级别

5.4.1 风险级别划分

依据《山东省水库和引调水工程运行管理单位安全生产风险分级管控体系实施指南》和风险危险程度，按照从高到低的原则划分为一级、二级、三级和四级 4 个风险级别，分别用红、橙、黄、蓝四种颜色表示。

5.4.2 风险点级别确定

应按照对应危险源的级别确定，风险点中各危险源评价出的最高风险级别作为风险点的风险级别。当一个风险点对应多个危险源，且危险源级别不同时，应按最高风险级别的危险源确定风险点级别。

5.5 风险控制措施

5.5.1 管理措施

管理措施主要包括以下内容：

（1）制定实施安全管理制度、作业程序、安全许可、安全操作规程等，规范和约束人员的管理行为与作业行为，进而有效控制风险的出现。比如：工作票制度、操作票制度、巡检制度、设备定期试验制度、设备检修管理制度、设备变更管理制度、工程安全监测制度、调度管理制度、检修规程、运行规程、现场作业规程等。

（2）制定运行调度规程、计划，比如编制供水方案、维修养护计划、工程观测计划、年度引（用）水计划、职工年度培训计划等。

（3）检查、巡查，尤其是汛期前后、暴雨、大洪水、有感地震、强热带风暴、调水前后或持续高水位以及冰冻期等情况。

（4）预警和警示标识。比如在风险的地点或场所，配置醒目的安全色、安全警示标志，或者设置声、光信号报警装置，提醒作业人员注意安全。

（5）轮班制以减少暴露时间。比如减少作业人员在泵房内的作业时间。

（6）检查管理和保护范围内有无影响枢纽建筑物安全和水质安全的各类现象。

（7）检查监测、照明、通信、安全防护、防雷设施及交通道路等是否完好。

（8）严格按照规定进行安全鉴定。

（9）检查监测监控、警报和警示信号、安全互助体系，风险转移（共担）等。

5.5.2 工程技术措施

工程技术措施主要包括以下内容：

（1）消除、替代或控制，通过对装置、设备设施、工艺等的设计来消除、控制危险源；比如以无害物质代替危害物质、实现自动化作业等；替代是用低能量或无危害物质替代或降低系统能量，如较低的动力、电流、电压、温度等。

（2）封闭、隔离，对产生或导致危害的设施或场所进行密闭、隔离。比如：设置临边防护，机械传动部位设置防护罩，设置围栏、隔离带、栅栏、警戒绳、安全罩、隔音设施等，把人与危险区域隔开，保持安全距离；或采用遥控作业等。

（3）移开或改变方向。

5.5.3 教育培训措施

教育培训措施主要包括以下内容：

（1）开展三级安全教育培训，强化风险意识和对安全风险分级管控认识，提高员工的安全知识和安全技能水平，使员工能够有效识别危害因素、控制风险。安全监督管理岗位负责制定单位年度安全培训计划，各岗位、班组对单位计划进行分解，结合实际制定本岗位、班组培训计划，建立三级安全培训档案。

（2）单位应通过班前班后会、专题讲座、技术培训讲课、安全规程培训考试、安全知识竞赛、安全月活动等多种形式开展安全教育培训工作。

（3）培训计划、内容等要明确计入双控体系的相关内容，且不少于8学时。

（4）检修作业项目开工前工作负责人应对全体工作班成员进行危险点分析和预控措施（包括运行应采取的措施和检修人员自理措施）和安全注意事项交底，接受交底人员应签名确认。

5.5.4 个体防护措施

个体防护措施主要包括以下内容：

（1）职工使用劳动防护用品与安全工器具防止人身伤害的发生。常见防护用品包括安全帽、安全带、安全绳、救生衣、救生圈、绝缘手套、绝缘杆、防护手套、防尘口罩、耳塞、防滑鞋、绝缘靴（鞋）、酸碱防护服、焊工防护服、防静电服、防烟（毒）面罩、呼吸器、护目镜等。

（2）当处置异常或紧急情况时，必须佩戴相应、有效的防护用品。

（3）当发生变更，但风险控制措施还没有及时到位时，应考虑佩戴防护用品。

5.5.5 应急处置措施

应急处置措施主要包括以下内容：

（1）各单位分别制定综合应急预案、专项应急预案，各管理处分别制定现场处置方案。配备应急队伍、物资、装备等，定期开展相关演练，提高应急能力。

（2）编制应急处置方案时，应根据可能发生的事故类型或后果制定有针对性的、可操作性强的现场处置措施。应急处置措施包括现场应急物资投入使用、事故后紧急疏散、伤员紧急救护（触电急救、创伤急救、溺水急救、高温中暑急救、中毒急救）、事故现场隔离等措施。

5.5.6 风险控制措施

在选择风险控制措施时，应考虑以下内容：

（1）措施的可行性、有效性、先进性、安全性和经济合理性。

（2）使风险降低到可接受的程度。

（3）不会产生新的风险。

（4）已选定最佳的解决方案。

5.5.7 风险控制措施评审

应在风险控制措施实施前对风险控制措施进行逐条评审，以人为本，确保措施可行、安全、可靠，并针对以下内容进行评审：

（1）措施的可行性和有效性。

（2）是否使风险降低至可接受风险。

（3）是否产生新的危险源或危险有害因素。

（4）是否已选定最佳的解决方案。

5.6 风险分级管控

5.6.1 风险分级管控原则

对风险应分层级管控，主要分为局级、处级、班组和岗位级。各部门可根据自身的实际组织架构进行增加、合并或提级，但不能降级管控。具体规定如下：

（1）各局、处应定期开展法律法规辨识，严格履行《安全生产法》定责任，防控风险；建立健全各级各岗位安全生产责任制，实行安全风险目标管理，逐级签订安全生产责任书。通过实施系列有效措施，使风险控制在可接受范围内。

（2）应针对不同风险等级，分级、分类、分专业进行管理，明确管控层级，落实责任岗位、责任人和具体管控措施。尤其要强化对重大危险源和存在重大安全风险的生产经营系统、生产区域和岗位的重点管控。

（3）风险越大，管控级别越高。上级负责管控的风险，下级必须负责管控，并逐级落实具体措施；对于操作难度大、技术含量高、风险等级高、可能导致严重后果的风险，应重点进行管控。

5.6.2 风险分级管控要求

四个等级危险源的风险分级管控要求见表5.6-1。当该等级风险超过对应管控层级职能范围时，应当提级直至管理局管控层级。

表5.6-1　　　　　　　　风险等级划分及管控要求

风险级别	颜色	风险等级	风险程度	管控层级	管控要求
一级	红色	重大风险	极其危险	由管理局主要负责人组织管控，干线公司主要负责人根据实际情况实施重点监管	应制定切实可行的措施进行控制管理，并制定应急预案等，做到五落实。重大风险及管控结果报干线公司和管理局备案
二级	橙色	较大风险	高度危险	由管理处主要负责人组织管控，管理局主要负责人负责监管	应制定相关措施进行管理和控制管理。较大风险及管控结果报管理局备案
三级	黄色	一般风险	中度（一般）危险	由管理处班组负责人组织管控，管理处分管负责人督办	需要加强控制
四级	蓝色	低风险	轻度（低）危险	由岗位负责人组织管控，管理处班组负责人督办	定期、规范检查和管控

5.6.3 编制风险分级管控清单

根据水利部办监督函〔2019〕1486号、办监督函〔2020〕1114号、办监督函〔2021〕1126号进行重大危险源辨识，形成重大危险源清单，直接判定的重大风险与一般危险源评价出的重大风险共同形成重大风险分级管控清单。

风险辨识和评价后，应编制危险源辨识与风险评价报告（报告主要内容及要求见附录F），并按规定及时更新。报告需附全部风险点各类风险信息的风险分级管控清单、重大风险分级管控清单、设备设施风险分级管控清单、作业活动风险分级管控清单、场所区域风险分级管控清单、安全风险四色分布图（附图1）。

5.7 安全风险告知

5.7.1 干线公司建立安全风险公告制度，定期组织风险教育和技能培训，确保本单位从业人员和进入风险工作区域的外来人员掌握安全风险的基本情况及防范、应急措施。在醒目位置和重点区域分别设置安全风险公告栏，制作岗位安全风险告知牌及职业健康告知牌，标明工程或单位的主要安全风险名称、等级、所在工程部位、可能引发的事故隐患类别、事故后果、管控措施、应急措施及报告方式等内容；对存在重大安全风险的工作场所和岗位，要设置明显警示标志，并强化监测和预警。

安全防范与应急措施要告知可能直接影响范围内的相关单位和人员。

5.7.2 岗位职业健康告知牌，标明主要岗位作业活动过程中存在的职业危害因素、评价级别、风险等级、导致的职业病或健康损伤、应采取的管控及相应的管理级别等。

5.7.3 对较大风险及以上的危险源要进行公示和告知，采用公告栏、公示牌、标识牌、告知卡、安全警示标志、二维码和安全技术交底等多种形式。危险源公示和告知的要求如下：

（1）至少对较大风险及以上级别的危险源设施标示牌进行告知。应在醒目位置设置危险源公示牌，公示牌应注明风险点、危险源、风险级别、可能出现的后果、控制措施、管控层级和责任人等内容，标识牌应根据危险源风险级别对应的颜色，分色标示。警示告知牌大小适中，内容科学合理。

（2）对作业人员宜采用发放告知卡形式进行告知，告知卡包含本岗位的风险点、危险源、风险级别、可能出现的后果、控制措施、管控层级和责任人等内容。

（3）各单位应对危险源设置安全警示标志，主要在管理范围出入口处、水工建筑物醒目位置、渠道、管道、起重机械、用电设施、出入通道口、楼梯口、电梯井口、孔洞口、桥梁口、临边、临水等危险部位，设置明显的安全警示标志，安全警示标志应符合 GB/T 2893.5 的规定。

（4）机（泵）房、配电室等部位或场所可设置二维码，二维码应包含风险点、危险源的管控内容。

5.7.4 风险告知牌、职业健康危害告知牌标准、说明、样例、安装要求见附图 2～附图 8，重大风险告知栏的标准、说明、样例见附图 9 和附图 10。

5.8 职业危害防控

安全生产风险与职业病危害风险进行一体化管控，对可能产生职业病危害的作业岗位，应当在其醒目位置，设置警示标识和警示说明，佩戴相应的防护用具。

5.9 管控效果

通过风险分级管控体系建设，至少达到以下效果：

（1）干线公司安全生产风险分级管控制度和管控措施得到持续改进和完善，风险管控能力得到加强；部分原有的风险通过增加新的管控措施使其降低风险等级。

（2）通过体系建设、开展危险源辨识和风险评价，全员熟悉、掌握风险分级管控的相关知识，以及科学、规范、有效的安全管理方法，熟知所从事岗位的风险和安全管控的重点，使安全意识、安全技能和应急处置能力得到进一步提高。

（3）建立健全安全工作奖励机制和风险隐患举报奖励机制。

（4）重大风险的公示、标识牌、警示标志得到完善，岗位安全风险告知牌标明的内容更全面翔实（包括安全风险点、可能引发事故类别、事故后果、管控措施、应急措施及报告方式等内容）。

（5）对存在较大及以上风险的工作场所和岗位，设置明显警示标志，对风险分级管控清单中存在的风险点、危险源及采取的措施，通过培训等方式告知各岗位人员及相关方，使其掌握规避风险的措施并落实到位。

（6）重大风险场所、部位和属于重大风险的作业，得到全过程的、有效的安全管控，并建立完善专人监护制度，确保安全风险处于可控状态。

（7）职业健康管理水平得到进一步提升。

（8）根据持续改进的有效风险控制措施，能完善隐患排查治理项目清单，使隐患排查治理工作更有针对性。

6 信息化、智慧化管理

6.1 信息化管理

6.1.1 应建立风险分级管控和事故隐患排查治理信息档案管理制度。危险源辨识、风险评价、分级管控相关信息应录入"风险分级管控体系信息平台"中。

6.1.2 建立干线公司系统安全风险数据库，加强基础信息管理，实现安全风险信息报送、统计分析、分级管理和动态管控等功能的信息化、自动化和智慧化。

6.1.3 各单位如实记录风险分级管控和事故隐患排查治理情况，有关信息内容按规定上报并进行公示和告知，保障信息管理规范化。

6.1.4 风险管控信息资料应包括以下内容：

（1）风险管控制度。

（2）风险分级管控作业指导书。

（3）风险点登记台账。

（4）作业活动清单、设备设施清单、场所区域清单。

（5）风险分级管控清单等。

（6）对于涉及重大风险，其辨识、评价过程记录，风险控制措施及其实施和改进记录等，应单独建立重大风险管理档案。

6.2 智慧化管理

6.2.1 按照《水利部关于开展智慧水利先行先试工作的通知》（水信息〔2020〕46号）和水利部《智慧水利总体方案》确定的总体架构，以全面互联、智能应用和泛在服务等方面为基础，依托干线公司现有设施设备和技术开展智慧水利先行先试，加强物联网、视频、遥感、大数据、人工智能、5G、区块链等与运行调度、工程管理深度融合，探索智慧水利、智慧供水和调度的成功路径，完成先行先试任务，形成可推广可复制应用的成果，引领和带动全水利行业快速健康发展。

6.2.2 各级应积极推进实施智能化技术管理，奠定智慧化管理的基础，对重点区域、重要部位和关键环节的远程监控、自动化控制与管理、自动预警设备设施要加强维护、及时更新换代，并强化技术安全防范措施，确保工程设施良好、运行安全。

7 动态管理及档案文件管理

7.1 动态管理

7.1.1 各单位应高度重视危险源风险的变化情况，动态调整危险源、风险等级和管控措施，确保安全风险始终处于受控范围内；建立专项档案，按照有关规定定期对安全防范设施和安全监测监控系统进行检测、检验，组织进行经常性维护、保养，作好记录；针对风险可能引发的事故完善应急预案体系，明确应急措施，保障监测管控投入，确保所需人员、经费与设施设备满足需要。

7.1.2 对辨识确认的重大危险源和风险等级为"重大"的一般危险源，按照有关要求独立建档。

7.1.3 动态管理要求如下：

（1）落实管控责任人、措施、资金、预案、防护和警示。

（2）按职责范围报属地水行政主管岗位备案。危险化学品重大危险源按规定同时报有关应急管理岗位备案。

（3）在重大危险源场所设置明显的安全警示标志，强化监测和预警。

（4）制定重大危险源和重大风险事故应急预案，做到"一源一案"，建立应急救援组织或配备应急救援人员，配备必要的防护装备及应急救援器材、设备、物资等。

（5）应急措施和预案要告知可能直接影响范围内的单位和人员并落实防护措施。

7.1.4 动态管理注意事项如下：

（1）人员变动时应工作交接、责任交接，同时变更相关的登记、档案资料，并及时归档。

（2）风险管控档案，隐患排查、登记台账，管控、治理通知书或告知书，管控、治理措施及责任，评估验收及移交等记录、资料，应翔实全面，形成闭环管理。

（3）管理局级双控体系档案应全面、实际，且简明扼要，包括设备清单（主要是电器、防火）、检查督查作业活动清单、评价记录及管控清单等。

（4）管理局、管理处的有关文件贯彻、制定应与干线公司总部协调一致，避免缺项、漏项等。

7.2 档案文件管理

7.2.1 应完整保存体现风险分级管控过程的记录资料，并分类建档管理。包括风险分级管控制度、风险点统计表、危险源辨识与风险评价记录，以及风险分级管控清单、危险源统计表等内容的文件化成果。

7.2.2 涉及重大、较大风险的，其辨识、评价过程记录，风险控制措施及其实施和改进记录等，应单独建档管理。

7.2.3 风险管控和事故隐患排查治理信息档案，应按规定定期上传上报、公示和告知，并及时整编、统计归档入册，风险管控信息资料至少包括（且不限于）以下内容：

（1）风险管控制度。
（2）风险分级管控作业指导书。
（3）风险点登记台账。
（4）作业活动清单、设备设施清单、场所区域清单。
（5）工作危害分析（JHA）评价记录。
（6）安全检查表分析（SCL）评价记录。
（7）风险分级管控清单。
（8）重大风险管理档案。
（9）隐患排查治理相关档案。

8 持续改进与创新

8.1 总结评审

8.1.1 干线公司每年应对风险分级管控体系的建设及运行情况至少进行一次系统性评审，可结合安全生产标准化、规范化自查评审工作，重点对危险源辨识的准确性、关键控制措施可操作性及落实情况、分级管控实施的有效性以及体系运行效果进行自评，并对评审结果进行公示和公布。

8.1.2 各单位应对评审存在的缺陷或状态及改进要求，制定改进目标、纠正措施或制定新的预防措施，满足体系有效运行、动态循环。

8.2 更新与创新

8.2.1 干线公司应根据以下情况变化对风险管控的影响，及时针对变化范围开展风险分析，制定、完善管控措施，及时更新以下风险信息：

（1）相关安全生产的法律、法规、标准、规章制度发生增加、修订、废止等变化。

（2）发生事故后，对事故、事件或其他信息有新认识，对相关危险源进行再评价。

（3）组织机构发生重大调整。

（4）风险程度变化后，需要对风险控制措施进行调整。

（5）应用"新工艺、新材料、新设备、新技术"。

（6）根据非常规作业活动、新增功能性区域、装置或设施以及其他变更情况等适时开展危险源辨识和风险评价；危险源辨识及清单更新每季度不少于一次。

8.2.2 通过风险分级管控及隐患排查治理体系的建设，干线公司应在以下方面有所改进和创新：

（1）工作导向：应根据调（供）水业务的实际需要和工作目标的需要，创新工作导向。

（2）融合创新：应推进前沿技术在引调水工程中的创新应用，强化与物联网、视频、遥感、大数据、人工智能、5G、区块链等新技术深度融合，探索和试验以信息化手段促进引调水工程管理、服务、决策工作更加精细、优质、智能。

（3）智能调水：根据《水利部关于印发加快推进智慧水利的指导意见和智慧水利总体方案的通知》（水信息〔2019〕220号），干线公司组织有关专业技术人员开展"智慧调水"研讨，逐步建立"精细智能化调度指挥系统""智能化工程监控系统""智能化天地一体监管、安全预警系统"，大大提升南水北调东线山东干线工程的自动化智能化管理水平。实现零伤害、零事故、零缺陷、零污染的目标。

（4）总结推广：工作中不断总结经验，分析问题，提炼成果，形成可推广、可复制的应用成果，加大示范推广力度，提升干线公司网信水平。

8.3 交流与沟通

8.3.1 建立不同职能和层级间的内部沟通和用于与相关方的外部风险管控沟通体系，及时有效传递风险信息，树立内外部风险管控信心，提高风险管控效果和效率。

8.3.2 重大风险信息更新后及时组织相关人员进行培训。

8.3.3 结合安全月、安全日活动，走出去（参观、交流学习）、请进来（培训、讲解、沟通学习），努力提高全员的安全文化素质和安全技能，让标准成为习惯，让习惯符合标准。

8.3.4 落实职业健康相关政策和规定，完善职业健康管理体系，通过交流沟通，强化安全管理工作；规范、文明管理现场，实现工程现场标准化、规范化管理；各岗位、通道保持安全、畅通，各类安全防护设施到位；每班组做到现场保持干净、整洁，形成一个干净整洁舒适的工作环境；促进安全生产，促进"双重预防体系"的全面建设和职业健康。

8.3.5 加强外包方管理，避免出现任何薄弱环节，安全工作不允许以包代管，更不允许包而不管。具体规定如下：

（1）把好外包队伍入门关，实行"准入"制度，对其安全工作、机构进行严格审查，对合格的队伍签订安全生产协议书，明确双方责任，规定奖罚条例，实行以奖代补，并责令其健全安全管理体系。

（2）针对外包队伍技能低、流动大、管理散等特点，重点做好入场时三级安全教育，取证上岗，换岗重新取证，无证不准上岗；对进场不满三个月的员工挂红牌，进行重点监护，重要环节强化安全培训工作，确保安全投入。

（3）将外包队伍安全管理纳入本单位安全管理体系，管理局、管理处一切安全工作事务、安全会议活动均要求外包单位与本单位科室岗位同等参加，并要求其员工的一切安全防护措施均达到干线公司职工同等水平。

（4）健全完善各类生活设施，使外包方（代维、代管）人员在良好的生活环境中，切身感悟到生命的可贵，建立和提高他们安全生产、珍惜生命的意识。

附录 A 工程运行重大危险源（判定）清单表

A.1 平原水库工程运行重大危险源（判定）

A.1.1 水库首次安全鉴定应在竣工验收后 5 年内进行，以后应隔 6~10 年进行 1 次；遭遇强降水、强烈地震，或者工程发生重大事故或出现影响安全的异常现象时，应及时组织大坝安全鉴定。

A.1.2 避雷设施、报警装置及输电线路应定期检查维修，确保完好、可靠，并定期进行防火、防爆、防暑、防冻等专项安全检查。

A.1.3 安全监测执行 SL/T 782 的规定。

A.1.4 分析研判的现状工程中的重大危险源如下：

（1）土石坝坝体、坝基渗流，坝体与坝肩、穿坝建筑物等结合部渗漏等为重大危险源。水库大坝是水库工程的最重要挡水建筑物，应属重大危险源；渗流渗透、接触冲刷破坏是比较常见的病害，发现、处理不及时就会形成重大事故隐患。工作中应密切关注有关观测数据和工程状况，重视巡视巡查和管控。

（2）作业活动中，作业人员未持证上岗、违反相关操作规程属重大危险源。山东干线公司管理制度健全，规章严格，作业人员无证上岗、违反相关操作规程的现象基本不可能发生，但应严格管理杜绝不负责任的违规、违章行为，避免造成重大事故。

（3）工程运行管理中，未按规定开展观测与监测属重大危险源。工程观测与监测是对工程的全面监控和体检，十分重要，不按照规定的时间进行观测与监测不能及时了解水库工程的运行参数和安全状况，存在很大的安全风险，属于重大危险源。

A.1.5 平原水库工程运行重大危险源（判定）清单表见表 A.1-1。

A.2 泵站工程运行重大危险源（判定）

A.2.1 泵站安全鉴定分为全面安全鉴定和专项安全鉴定。全面安全鉴定范围包括建筑物、机电设备、金属结构等；专项安全鉴定范围宜为全面安全鉴定中的一项或多项；

A.2.2 泵站有下列情况之一的，应进行全面安全鉴定：

表 A.1-1　平原水库工程运行重大危险源（判定）清单表

序号	类别	项目	重大危险源	事故诱因	可能导致的后果	判定依据		判定结果
1	构（建）筑物类	挡水建筑物	坝体与坝肩、穿坝建筑物等结合部渗漏	接触冲刷	失稳、溃坝	SL 258—2017	第 9.8.4 条	
2			坝肩绕坝渗流、坝基渗流，土石坝坝体渗流	防渗设施失效或不完善	变形、位移、失稳、溃坝	SL 210—2015 SL 258—2017 SL 551—2012	第 5.5～5.7 条； 第 8.6.4 条； 第 1.0.10 条	有
3			土石坝坝顶受波浪冲击	洪水、大风；防浪墙损坏	漫顶、溃坝	SL 274—2001	第 5.4.4 条	
4			土石坝坝上、下游坡	排水设施失效、坝坡滑动	失稳、溃坝	SL 258—2017	第 9.8.4 条	
5			存在白蚁危害的可能（土石坝）	白蚁活动；筑巢	管涌、溃坝	SL 274—2001 SL 106—2017	第 5.8.3 条第 2 款； 第 4.0.15 条	
6			混凝土面板（面板堆石坝）	水流冲刷；面板破损、接缝开裂；不均匀沉降	失稳、溃坝	SL 258—2017	第 9.8.4 条	
7			拱座（拱坝）	混凝土或岩体应力过大；拱座变形	结构破坏、溃坝	SL 258—2017	第 5.4.6 条、第 9.3.5 条第 1 款	
8			拱坝坝顶溢流、坝身开设泄水孔	坝身泄洪振动、孔口附近应力过大	结构破坏、溃坝	SL 282—2018 SL 319—2018	第 8.1.1～8.1.7 条 第 3.3.3～3.3.5 条 第 4.5 节	
9	构（建）筑物类	泄水建筑物	溢洪道、泄洪洞消能设施	水流冲击或冲刷失效	设施破坏、溃坝	SL 258—2017	第 9.8.4 条	
10			泄洪（隧）洞渗漏	水流冲刷、止水失效	结构破坏、失稳、溃坝	SL 258—2017	第 9.8.4 条	
11			泄洪（隧）洞围岩	不良地质	结构破坏、失稳、溃坝	SL 258—2017	第 9.8.4 条	
12		输水建筑物	输水（隧）洞（管）渗漏	接缝破损、止水失效	变形、结构破坏、失稳、溃坝	SL 258—2017	第 9.8.4 条	
13			输水（隧）洞（管）围岩	不良地质	变形、结构破坏、失稳、溃坝	SL 258—2017	第 9.8.4 条	

附录 A 工程运行重大危险源（判定）清单表

续表

序号	类别	项目	重大危险源	事故诱因	可能导致的后果	判定依据	判定结果
14	构（建）筑物类	坝基	坝基	不良地质	沉降、变形、位移、失稳、溃坝	SL 210—2015 第 5.5～5.7 条；2SL 258—2017 第 8.6.4 条；SL 551—2012 第 1.0.10 条	
15	金属结构类	闸门	工作闸门（泄水建筑物）	闸门锈蚀、变形	失稳、漫顶、溃坝	SL 258—2017，第 11.1.2、11.6.4 条	
16		启闭机械	启闭机（泄水建筑物）	启闭机无法正常运行		SL 258—2017，第 11.1.2 条、11.6.4 条	
17			闸门启闭控制设备（泄水建筑物）	控制功能失效		SL 258—2017，第 11.1.2 条、11.6.4 条	
18	设备设施类	电气设备	变配电设备	设备失效	设备设施破坏	SL 106—2017 第 4.0.12 条；GB/T 24612.1—2009 第 10.2.3.2 条	有
19			压力管道	水锤	设备设施严重损（破）坏	GB/T 30948—2014 第 5.7.9 条	有
20	作业活动类	作业活动	操作运行作业	作业人员未持证上岗、违反相关操作规程		国务院令第 77 号第 14、18、19 条	
21	管理类	运行管理	安全鉴定与隐患治理	未按规定开展或隐患治理未及时到位		SL 75—2014 第 3.2.2 条；SL 274—2001 第 10.0.3 条	
22			观测与监测	未按规定开展		国务院令第 77 号第 19、22 条	
23			安全检查	检查开展不到位		SL 401—2007 第 3.4.8 条	
24			外部人员的活动	活动未经许可		GB 26860—2011 第 4.1 条；SL 401—2007 第 2.0.4 条	
25			泄洪、放水或冲沙等	警示、预警工作不到位	影响公共安全	水管〔1993〕61 号第 36 条；国务院令第 77 号第 21、24、25 条；SL 258—2017，第 6.2.1 条	
26	环境类	自然环境	自然灾害	山洪、泥石流、山体滑坡等	工程及设备严重损（破）坏、人员重大伤亡	SL 398—2007 第 3.1.5、3.2.2、3.7.5、3.7.6 条；国务院令第 77 号第 25 条	

(1) 建成投入运行达到 20～25 年。

(2) 全面更新改造后投入运行达到 15～20 年。

(3) 本条 a)、b) 款规定的时间之后运行达到 5～10 年。

A.2.3 泵站出现下列情况之一的，应进行全面安全鉴定或专项安全鉴定：

(1) 拟列入更新改造计划。

(2) 需要扩建增容。

(3) 建筑物发生较大险情。

(4) 主机组及其他主要设备状态恶化。

(5) 规划的水情、工情发生较大变化，影响安全运行。

(6) 遭遇超设计标准的洪水、地震等严重自然灾害。

(7) 按《灌排泵站机电设备报废标准》(SL 510) 的规定，设备需报废的。

(8) 有其他需要的。

A.2.4 分析研判的现状工程中的重大危险源如下：

(1) 进水、出水建筑物中的穿堤涵洞等设施是重大危险源。水库枢纽泵站穿堤涵洞等交叉建筑物常见的病害有变形、开（断）裂、止水失效、异物堵塞等，因长期处于水（地）下、有限空间等不易及时发现和检修，出现事故的可能性很大，要重点监管监控。

(2) 电气设备中的输变电设备、起重设备等属重大危险源。工程中电气设备十分重要，特别是泵站工程中的电气设备、特种设备，功能特殊且重要，属重大危险源；有可能因质量缺陷、意外情况或是偶尔检修不及时、操作失误等造成设备控制功能失效、不能正常工作而引发事故；起重设备属特种设备，要严格操作规程，严格管理制度。

(3) 作业活动中的有限空间作业是重大危险源。干线公司在有限空间、水下作业方面经验不足、保护装备不健全，属重大危险源；泵站流道、壳体、洞室等处检查、维修、水下检修、处理等都是危险性大的工作，操作中要配备通风、照明、防毒、救生、备用能源、监控通信等器具设备及相应的监控措施，规范操作，避免出现事故。

(4) 作业活动中的带电作业是重大危险源。干线公司一般情况不允许带电作业，遇到特殊情况由专业人员穿戴好保护装备规范作业，但也有很大的安全风险，应加强防范。

A.2.5 泵站工程运行重大危险源（判定）清单表见表 A.2-1。

附录 A 工程运行重大危险源（判定）清单表

表 A.2-1　泵站工程运行重大危险源（判定）清单表

序号	类别	项目	重大危险源	事故诱因	可能导致的后果	判断结果
1	构（建）筑物类	进、出水建筑物	穿堤涵洞	变形、开裂、止水失效	堤防渗漏、破坏、水淹站区	有
2	金属结构类	压力钢管	压力钢管、阀组、伸缩节、水泵出口的工作闸门、事故闸门	变形、锈蚀、关闭不严、未定期检验、紧急关阀、水锤防护设施失效	爆管、顶部溢水、塌陷、漏水、水淹厂房及周边设施等、人员伤亡	
3	设备设施类	电气设备	配电设备	设备失效、意外破坏等	触电、短路、火灾、人员重大伤亡、设备损坏、影响泵站运行	有
4			输变电设备	可能六氟化硫泄漏、未设置监测报警及通风装置	中毒、窒息、设备损坏	有
5		特种设备类	起重设备	未经常性维护保养、自行检查和定期检验	设备严重损坏、人员伤亡	有
6	作业活动类	作业活动	高处作业	违章指挥、违章操作、违反劳动纪律、未正确使用防护用品	高处坠落、物体打击	
7			有限空间作业		淹溺、中毒、坍塌	有
8			水下观测与检查作业		淹溺	
9			带电作业		触电、人员伤亡	有
10	管理类	运行管理	操作票、工作票、交接班、巡回检查、设备定期试验制度执行	未严格执行	工程及设备严重损（破）坏、人员重大伤亡	
11	环境类	自然环境	自然灾害	山洪、泥石流、山体滑坡等	工程及设备严重损（破）坏、设备受损、人员重大伤亡	
12			洪水位超防洪标准	超保证水位运行	水淹泵房等	

29

A.3 水闸工程运行重大危险源（判定）

A.3.1 水闸实行定期安全鉴定制度。首次安全鉴定应在竣工验收后5年内进行，以后应每隔10年进行一次全面的安全鉴定。运行中遭遇超标准洪水位的风暴潮、工程发生重大事故后，应及时进行安全检查，如出现影响安全的异常现象，应及时进行安全鉴定。闸门等单项工程达到折旧年限，应按有关规定和规范适时进行安全鉴定。

A.3.2 水闸安全生产操作应遵守下列规定：

（1）定期进行专项安全检查，检查防火、防爆、防暑、防冻等措施落实情况，发现不安全因素及时处理。

（2）严格按照操作规程操作，配备必要的安全设施。安全标记、助航标志应齐全，电气设备周围应有安全警戒线，易燃、易爆、有毒物品的运输、储存、使用应按照有关规定执行。按照消防要求配备灭火器具。

（3）保证安全用具齐全、完好，扶梯、栏杆、盖板等应完好无损。

（4）水上作业应配齐救生设备、高空作业应穿防滑鞋，系安全带；在可能有重物坠落的场所应戴安全帽。

（5）进行电气设备安装和操作时，应按规定穿着和使用绝缘用品、用具。

（6）防雷接地设施及各类报警装置应定期检修，确保完好；输电线路应经常检查，严禁私拉乱接。

（7）采用自动观测的水闸，应对运行和管理人员规定操作权限，避免观测数据丢失。

（8）分析研判的现状工程中的重大危险源如下：

1）水闸中的上、下游连接段部分是重大危险源。水闸工程的上、下游连接段是水闸的重要部位，翼墙渗漏、侧向渗流、排水管堵塞、止水失效等为常见病害，如发现、处理不及时将出现严重后果，应作为重大危险源管控。干线公司内的水闸工程上、下游水头均不大，大部分为一般河道、渠系建筑物，且地质条件（非山区）相对不复杂，不会出现大的基础病害；调水水质较好、较稳定，但要重视排水、止水系统等部位的日常检查、维保并做好相关监控。

2）水闸中变配电设备、闸门启闭控制设备等是重大危险源。水闸工程中电气设备十分重要，风险很大。变配电设备、控制设备较多，有可能因质量缺陷、意外情况或是偶尔检修不及时等造成设备控制功能失效、不能正常工作而引发事故，特别是较大及以上的涵闸，且与外河连接、有防洪排涝功能和任务的涵闸工程，应严控严管，确保发挥正常功能。

A.3.3 水闸工程运行重大危险源（判定）清单表见表A.3-1。

附录A 工程运行重大危险源（判定）清单表

表A.3-1 水闸工程运行重大危险源（判定）清单表

序号	类别	项目	重大危险源	事故诱因	可能导致的后果	判定依据	判定结果
1	构（建）筑物类	闸室段	底板、闸墩渗漏	渗漏异常、接缝破损、止水失效	沉降、位移、失稳	SL 75—2014 第4.8节 4.3.1、4.3.6条；SL 214—2015 第4.3节	
2		上下游连接段	消力池、海漫、防冲槽、铺盖、护坡、护底渗漏	渗漏异常、接缝破损、止水失效	沉降、位移、失稳、河道及岸坡冲毁	SL 75—2014 第4.8节 3.2.3条；SL 214—2015 第4.3节	有
3			岸、翼墙渗漏	渗漏异常、接缝破损、止水失效	墙后土体塌陷、位移、失稳	SL 75—2014 第4.8节 3.2.3条；SL 214—2015 第4.3节	
4			岸、翼墙排水	排水异常、排水设施失效及边坡截水沟排水不畅	墙后土体塌陷、位移、失稳	SL 75—2014 第4.8节 4.4.1~4.4.7条	
5			岸、翼墙侧向渗流	侧向渗流异常、防渗设施不完善	位移、失稳	SL 75—2014 第4.5节	
6		地基	地基地质条件	地基土或回填土流失、不良地质	沉降、变形、位移、失稳	SL 75—2014 第4.6节；SL 214—2015 第4.4.1~4.4.7条	
7			地基基底渗流	基底渗流异常、防渗设施不完善	沉降、位移、失稳	SL 75—2014 第4.6节；SL 214—2015 第4.4.1~4.4.7条	
8	金属结构类	闸门	工作闸门	闸门锈蚀、变形	闸门无法启闭不到位、严重影响行洪泄流安全，增加淹没范围或无法正常蓄水、失稳、位移	SL 75—2014 第4.8节 3.2.2、3.2.3条	
9		启闭机械	启闭机	启闭机无法正常运行		SL 41—2018 第9.2.2条；GB/T 30948—2014 第6.1.1、6.1.2、6.3.1、6.3.2条	
10	设备设施类	电气设备	闸门启闭控制设备	控制功能失效		SL 75—2014 第4.10节	
11			变配电设备	设备失效		GB/T 24612.1—2009 第10.2.3.2条	有

31

续表

序号	类别	项目	重大危险源	事故诱因	可能导致的后果	判定依据	判定结果
12	作业活动类	作业活动	操作运行作业	作业人员未持证上岗、违反相关操作规程	设备设施严重损（破）坏	SL 75—2014 第 1.0.3、1.0.6、2.4.5 条；GB 26860—2011 第 4.1 条；人社厅〔2019〕50 号 4-09-01-05 第 5.3 条	
13			安全鉴定	未按规定开展		SL 75—2014 第 5.3 节；水建管〔2008〕214 号第 3 条	
14			观测与监测	未按规定开展		SL 75—2014 第 3.1.2、3.2.2、3.3 节；SL 274—2001 第 10.0.3 条；SL 768—2018 第 1.0.3、1.0.4、1.0.5 条	
15	管理类	运行管理	安全检查	安全检查不到位		国务院令第 77 号第 19、22 条；SL 401—2007 第 3.4.8 条；SL 721—2015 第 9.2.6 条	
16			外部人员的活动	活动未经许可		国务院令第 77 号第 14 条；GB 26860—2011 第 4.1 条；SL 401—2007 第 2.0.4 条	
17			泄洪、放水或冲沙等	警示、预警工作不到位	影响公共安全	水管〔1993〕61 号第 36 条；国务院令第 77 号第 21、24、25 条；SL 258—2017 第 6.2.1 条	
18	环境类	自然环境	自然灾害	山洪、泥石流、山体滑坡等	工程及设备设施严重损（破）坏，人员重大伤亡	SL 398—2007 第 3.1.5、3.2.2、3.7.5、3.7.6 条；国务院令第 77 号第 25 条	

附录 A 工程运行重大危险源（判定）清单表

表 A.4－1 渠道工程作业活动重大危险源（判定）清单表

序号	作业活动名称	作业活动内容	重大危险源	事故诱因	可能危害	判定依据	判定结果
1	有限空间作业	作业前准备	有限空间	通风、照明不良，监控管理不到位	中毒、窒息、爆炸	国家安监总局令第59号第6、21条；SL 721—2015 第10.1.4条；SL 398—2007 第10.1.2条	
		作业中通风、照明安全					
		机械设备安全					
		备用、监控作业					
2	巡视检查	渠道及水工建筑物巡查	高空、临边、水	安全设施不健全	坠落、溺水	水利部令第26号第21～23条；SL 721—2015 第9.2.6、10.3.5条；SL 398—2007 第5.2.6、7.6.1条；JGJ 80—2016 第302～306条	
		巡查准备及巡查					
3	设备设施维修、检修	主体维修及后续工作	起吊、转动及电器	器具故障、违规操作	物体打击、机械伤害、触电	国家主席令第4号第39～42条；国务院令第549号第27～30条；TSG 08—2017 第2.7.2条；GB 6067.1—2010 第18.1、18.3条	
		机泵、管道、电气设备检修					

33

续表

序号	名称	作业活动名称	作业活动内容	重大危险源	事故诱因	可能危害	判定依据	判定结果
4	设备试验	定期试验	电气设备定期试验				GB/T 3797—2016 第 7.1、7.2 条；SL 41—2018 第 9.1～9.7.2 节；	
			桥式起重机年检	临边、高空、水、起吊、转动及电器	器具故障、违规操作、安全设施不健全	物体打击、机械伤害、触电、坠落、溺水	TSG 08—2017 第 2.7.2 条；GB 6067.1—2010 第 18.1、18.3 条；中国气象局第 24 号令第 19、23 条；	
			防雷检测				GB/T 32937—2016 第 5.2.1、5.2.2 条；公安部令第 61 号第 43 条；	
			流速仪定期检测				DL/T 596—2005 第 1、4、8 节；GB/T 11826—2019 第 7.2.8、7.2.9、8.1.1、8.2.1 条；	
			安全用具试验				GB 39800.1—2020 第 5.1.2 条；安监总厅安健〔2015〕124 号第 20、23、25 条	
5	管理	仓库管理	物资安全存储	易燃易爆、危化品	高温、明火、雷击、危化品燃爆、中毒	财产损失、人员伤亡	SL 398—2007 第 3.1.5、3.2.2、3.2.5 条；国务院令第 591 号第 13 条；GB 15603—1995 第 15～26 条	
		运行管理	供水、分洪、排涝调度	未审批、备案、未执行调度指令	未按调度指令、违规操作	调水中断、淹没、渍涝灾害、财产损失、人身伤害	国务院令第 647 号	有
6	监管	相关方监管	外包工程（含劳务外包）工程单位管理	管理不严格	无证上岗、违规违章操作	设备设施破（损）坏	国务院令第 77 号第 14 条；GB 26860—2011 第 4.1 条；SL 401—2007 第 2.0.4 条	
			外来人员管理	活动未经许可	活动未经许可			

附录A 工程运行重大危险源（判定）清单表

表A.5-1 渠道工程设施设备运行重大危险源（判定）清单表

序号	设施设备	分项（部位）名称	重大危险源	事故诱因	可能危害	判定依据	判断结果
1	构（建）筑物	渠道（堤防）	高边坡、地上渠段	洪水、泥石流、滑坡、堤溃坝、渗漏、溃决	堵塞破坏渠道、中断调水、人员伤亡、农田、村庄被淹	SL 482—2011第4.2.3、4.4.1条；GB/T 50600—2010 第10.0.3、10.0.9条；SL 430—2008第9.1.2、9.4.5、9.4.7、9.4.8条；SL/T 804—2020第7.1.1条	
			临外河段该水位工况	扬压力、渗透压力	衬砌板隆起破坏、渗漏、中断调水、堵塞		
			水质污染	管线泄漏	污染水体、中断调水	SL 430—2008 第9.4.5、9.4.7、9.4.8条	
		跨越渠道的各类管线					
		渡槽	跌落堵塞、水质污染	跌落、堵塞、泄漏	堵塞破坏渠道、污染水体、中断调水、人员伤亡	T/CHES 22—2018，第7.4条c款；SL 430—2008第9.1.1、9.1.2、9.4.5、9.4.7、9.4.8条；SL/T 804—2020第7.1.1条	
		小型涵闸、农桥					
		跌水					
		倒虹吸管（穿渠涵、管等）穿黄工程	重点是大型较大型交叉涵、管	结构变形、开裂、止水失效、扬压力、渗透压力	渗漏、破坏、调水、堵塞		有

续表

序号	设施设备	分项（部位）名称	重大危险源	事故诱因	可能危害	判定依据	判断结果
2	拦污清污设施	清污机	清污机运行	不能正常工作	物体打击、机械伤害	SL 316—2015 第 4.4.4 条；GB/T 30948—2014 第 5.7.6 条	
3	调度运行管理（网络）系统	计算机监控系统	网络系统	网络系统不能正常工作	设备设施破（损）坏、调水中断	GB/T 30948—2014 第 6.5 条；SL 430—2008 第 10.4.4、10.4.7 条；GA/T 1710—2020 第 6.6 条	
		视频监视系统					
		水利、工程信息管理系统					
		PLC					
4	安全设施	消防设施、设备	消防设施、设备	检修不及时	火灾、财产损失	SL 398—2007 第 3.5.1、3.5.3 条；SL 401—2007 第 2.0.24 条	
		防护栏、围网	安全防护栏、安全标志	缺失、检修不及时、没有尽职尽责	溺水、人员伤亡、设备设施破（损）坏、调水中断	GB/T 30948—2014 第 9.3.9 条；SL 398—2007 第 3.10.6、5.1.3 条	

A.4 渠道工程作业活动重大危险源（判定）清单表

A.4.1 运行管理中供水、分洪、排涝调度是重大危险源。山东干线工程的主要任务是调水，有部分设施兼顾地方防洪、排涝，依照规定的调度权限，及时核对、执行调度指令，确保不出问题。

A.4.2 渠道工程作业活动重大危险源（判定）清单表见表 A.4-1。

A.5 渠道工程设施设备运行重大危险源（判定）清单表

A.5.1 倒虹吸管（穿黄、渠涵、管等）等大型、较大型交叉涵、管工程是重大危险源。水（地）下设施设备、交叉建筑物处的水压力破坏等，监测监控措施有难度，尽管规范操作，但仍是危险性较大的部位和操作活动，属重大危险源，应严格管控。

A.5.2 对于各清单表中标注的重大危险源事项，主要是根据干线公司各类工程现状情况分析研判的结果，要客观、动态地看待和参考。

A.5.3 渠道工程设施设备运行重大危险源（判定）清单表见表 A.5-1。

附录 B 风险点划分成果表样及示例

B.1 风险点登记台账等样表见表 B.1-1～表 B.1-4。

表 B.1-1　　　　　　风险点登记台账

单位：　　　　　　　　　　　　　　　　　　　　　　　　　　序号：

序号	风险点名称	类型	可能导致的事故类型	区域位置	责任岗位	备注

填表人：　　　　填表日期：　　　　审核人：　　　　审核日期：

表 B.1-2　　　　　　设 备 设 施 清 单

单位：　　　　　　　　　　　　　　　　　　　　　　　　　　序号：

序号	设备设施名称	类别	型号	位号/所在部位	是否是特种设备	备注

填表人：　　　　填表日期：　　　　审核人：　　　　审核日期：

表 B.1-3　　　　　　作 业 活 动 清 单

单位：　　　　　　　　　　　　　　　　　　　　　　　　　　序号：

序号	作业活动名称	作业活动内容	岗位/地点	活动频率	备注

填表人：　　　　填表日期：　　　　审核人：　　　　审核日期：

表 B.1-4　　　　　　场 所 区 域 清 单

单位：　　　　　　　　　　　　　　　　　　　　　　　　　　序号：

序号	场所区域名称	类别	场所区域内容	位号/所在部位	备注

填表人：　　　　填表日期：　　　　审核人：　　　　审核日期：

B.2 以××××平原水库为例，风险点划分成果表见表 B.2-1～表 B.2-4。

附录 B 风险点划分成果表样及示例

表 B.2-1 风险点登记台账（××××平原水库）

单位：××××平原水库　　　　　　　　　　　　　　　　　　　　　　　序号：××××××水库 STX-A4-001

序号	风险点名称	类别	可能导致的事故类型	区域位置	责任岗位	备注
1	围坝	水工建筑物-挡水建筑物	淹溺、高处坠落	围坝	工程管理岗	
2	×××××供水洞	水工建筑物-供水专用建筑物	设备停运、设备损坏、物体打击、机械伤害、起重伤害、触电、淹溺、火灾	桩号 5+771	调度运行岗	
3	×××××供水洞	水工建筑物-供水专用建筑物	设备停运、设备损坏、物体打击、机械伤害、起重伤害、触电、淹溺、火灾	桩号 2+205	调度运行岗	
4	自动化及通信系统	水工机械-电气部分	设备停运、设备损坏、高处坠落、触电	主副厂房、各闸室、监控室、主办公楼机房、电力电池室、泵站通信室	调度运行岗	
5	消防系统	消防设备	火灾、触电、中毒、窒息	调度楼、值班楼、泵站主副厂房、各闸室、管理园区	调度运行岗	
6	园区供配电系统	专业设备	触电、火灾	管理处园区	调度运行岗	
7	园区排水系统	专业设备	设备损坏	管理处园区	综合岗	

39

续表

序号	风险点名称	类别	可能导致的事故类型	区域位置	责任岗位	备注
8	生产辅助用房	场所区域-物质仓储区、生活区	坍塌、设备损坏、物体打击、高处坠落、触电、火灾	管理处园区	综合岗	
9	值班楼	场所区域-生活区	触电、火灾、高处坠落	管理处园区	综合岗	
10	调度楼	场所区域-办公区	触电、火灾、高处坠落	管理处园区	综合岗	
11	入库泵站	水工建筑物-供水专用建筑物	设备停运、设备损坏、物体打击、机械伤害、起重伤害、触电、淹溺、火灾	入库泵站	调度运行岗	
12	六五河节制闸	水工建筑物-供水专用建筑物	设备停运、设备损坏、物体打击、机械伤害、起重伤害、触电、淹溺、火灾	×××河节制闸	调度运行岗	
13	进水闸	水工建筑物-供水专用建筑物	设备停运、设备损坏、物体打击、机械伤害、起重伤害、触电、淹溺、火灾	进水闸	调度运行岗	
14	出水闸	水工建筑物-供水专用建筑物	设备停运、设备损坏、物体打击、机械伤害、起重伤害、触电、淹溺、火灾	出水闸	调度运行岗	

填表人：　　　　　填表日期：　　　　　审核人：　　　　　审核日期：

附录 B 风险点划分成果表样及示例

表 B.2-2 设备设施清单（×××××平原水库）

单位：×××××平原水库-围坝　　　　　　　　　　序号：×××××水库STX-A1-001

序号	设备设施名称	类别	型号	位号/所在部位	是否是特种设备	备注
1	围坝坝体	挡水建筑物	裂隙黏土与砂壤土混合坝	围坝	否	
2	坝后灌溉设备	水工机械			否	
3	安全监测设备	设备设施-监测设备		渗压：桩号8+000、0+950、0+395、0+405、0+950、2+205、2+215、2+220、3+890、3+900、4+900、5+766、5+720、5+776、5+900、6+900；土压：桩号0+400；表面变形监测：桩号0+950、8+900、8+000、3+900、2+810、1+810、4+910、5+910、6+910；水位观测：8+000、2+215、2+215×××××供水洞、×××××供水洞	否	渗压监测、土压监测、表面变形监测、水位自动观测、监测自动化设备
4	围坝安全设施	设备设施-安全设备		围坝	否	
5	防汛道路	设备设施			否	

填表人：　　　　　　　　　填表日期：　　　　　　　　　审核人：　　　　　　　　　审核日期：

单位：×××××平原水库-×××××供水洞　　　　　序号：×××××水库STX-A1-002

序号	设备设施名称	类别	型号	位号/所在部位	是否是特种设备	备注
1	×××××供水洞	水工建筑物-挡水建筑物		桩号5+761.64	否	
2	×××××供水洞电动葫芦	水工机械	50KN-18	×××××供水洞	否	检修闸门、电动葫芦

填表人：　　　　　　　　　填表日期：　　　　　　　　　审核人：　　　　　　　　　审核日期：

41

单位：××××平原水库-××××供水洞　　　　　　　　　　　　　序号：××××水库STX-A1-003

序号	设备设施名称	类别	型号	位号/所在部位	是否是特种设备	备注
1	××××供水洞	水工建筑物-挡水建筑物		桩号2+208.55	否	
2	××××供水洞电动葫芦	水工机械	50KN-18	××××供水洞	否	检修闸门、电动葫芦

填表人：　　　　　　填表日期：　　　　　　审核人：　　　　　　审核日期：

单位：××××平原水库-自动化及通信系统　　　　　　　　　　　序号：××××水库STX-A1-004

序号	设备设施名称	类别	型号	位号/所在部位	是否是特种设备	备注
1	自动化系统	通信设备		主副厂房、各闸室、调度楼、管理处园区泵站通信机房、调度楼电力电池室、泵站	否	
2	通信网络系统	通信设备		围坝、管理处园区、调度楼机房、调度楼电力电池室、泵站	否	

填表人：　　　　　　填表日期：　　　　　　审核人：　　　　　　审核日期：

单位：××××平原水库-消防系统　　　　　　　　　　　　　　　序号：××××水库STX-A1-005

序号	设备设施	类别	型号	位号/所在部位	是否是特种设备	备注
1	消防设备	消防设备		调度楼、值班楼、管理主副厂房、各闸室、泵站主副厂房、管理园区	否	消防给水及消火栓系统、灭火器、消防沙、七氟丙烷气体灭火系统、消防工作站、消防感应系统、火灾自动报警系统、应急照明、应急疏散标志
2	消防安全标志	消防安全标志		调度楼、值班楼、管理主副厂房、各闸室、泵站主副厂房、管理园区	否	应急疏散标志、消防安全标志

填表人：　　　　　　填表日期：　　　　　　审核人：　　　　　　审核日期：

附录 B 风险点划分成果表样及示例

单位：××××平原水库-园区供配电系统　　　　　　　　　序号：××××水库STX-A1-006

序号	设备设施	类别	型号	位号/所在部位	是否是特种设备	备注
1	园区备用柴油发电机	供配电设备		管理园区	否	

填表人：　　　　　　　　　填表日期：　　　　　　　　　审核人：　　　　　　　　　审核日期：

单位：××××平原水库-园区排水系统　　　　　　　　　序号：××××水库STX-A1-007

序号	设备设施	类别	型号	位号/所在部位	是否是特种设备	备注
1	园区排水系统	排水设备		管理园区	否	

填表人：　　　　　　　　　填表日期：　　　　　　　　　审核人：　　　　　　　　　审核日期：

单位：××××平原水库-入库泵站　　　　　　　　　序号：××××水库STX-A1-008

序号	设备设施	类别	型号	位号/所在部位	是否是特种设备	备注
1	引水渠	水工建筑物-挡水建筑物		引水渠	否	
2	清污机	水工机械-清污机	HQ5.0×5.0	引水渠末端	否	
3	前池交通桥	水工建筑物		前池末端	否	
4	泵站检修闸门	水工机械-闸门	3.9×1.6×(2-3.7)	主厂房东侧	否	
5	干式变压器	施工机械-干式变压器	EH-GL-2×50KN	泵站副厂房0.4kV低压室	否	
6	泵站检修闸门电动葫芦	水工机械-起重机	YL560-12	主厂房东侧	否	
7	三相异步电动机	电气设备	1200HLB-60	主厂房电机层	否	
8	混流泵	水工机械-水泵	100QW	主厂房水泵层	否	
9	无堵塞排污泵	水工机械-水泵		主厂房集水廊道	否	

填表人：　　　　　　　　　填表日期：　　　　　　　　　审核人：　　　　　　　　　审核日期：

43

单位：×××××平原水库-六五河节制闸　　　　　　　　　　　　　　　序号：××××水库STX-A1-009

序号	设备设施名称	类　别	型号	位号/所在部位	是否是特种设备	备　注
1	六五河节制闸	水工建筑物-挡水建筑物		桩号175+483.79	否	
2	六五河节制闸电动葫芦	水工机械	EH-GL-2×50KN	六五河节制闸	否	检修闸门，电动葫芦

填表人：　　　　　　　　填表日期：　　　　　　　　审核人：　　　　　　　　审核日期：

单位：×××××平原水库-进水闸　　　　　　　　　　　　　　　序号：××××水库STX-A1-010

序号	设备设施名称	类　别	型号	位号/所在部位	是否是特种设备	备　注
1	进水闸	水工建筑物-挡水建筑物		六五河节制闸上游74.0m六五河左岸大堤	否	

填表人：　　　　　　　　填表日期：　　　　　　　　审核人：　　　　　　　　审核日期：

单位：×××××平原水库-出水闸　　　　　　　　　　　　　　　序号：××××水库STX-A1-011

序号	设备设施名称	类　别	型号	位号/所在部位	是否是特种设备	备　注
1	出水闸	水工建筑物-挡水建筑物		桩号0+399.49	否	

填表人：　　　　　　　　填表日期：　　　　　　　　审核人：　　　　　　　　审核日期：

附录 B 风险点划分成果表样及示例

作业活动清单（××××平原水库）

表 B.2-3

单位：××××平原水库-围坝　　　　　　　　　　　序号：××××水库 STX-A2-001

序号	设备设施	作业活动名称	作业活动内容	岗位/地点	活动频率	备注
1	围坝坝体	围坝巡查	检查水库围坝内坡和外坡	围坝 1+100～7+500	每月一次	

填表人：　　　　　　　　　　　填表日期：　　　　　　　　　　　审核人：　　　　　　　　　　　审核日期：

单位：××××平原水库-××××供水洞　　　　　　　　　　　序号：××××水库 STX-A2-002

序号	设备设施	作业活动名称	作业活动内容	岗位/地点	活动频率	备注
1	××××供水洞	建筑物巡查	外观检查维护	××××供水洞启闭机室	每月一次	
2	××××供水洞	设备操作	电动葫芦的启动与关闭	××××供水洞启闭机室	检修工作闸门时	
3	××××供水洞	电动葫芦维护保养	电动葫芦的维护保养	××××供水洞启闭机室	每月一次	

填表人：　　　　　　　　　　　填表日期：　　　　　　　　　　　审核人：　　　　　　　　　　　审核日期：

单位：××××平原水库-××××供水洞　　　　　　　　　　　序号：××××水库 STX-A2-003

序号	设备设施	作业活动名称	作业活动内容	岗位/地点	活动频率	备注
1	××××供水洞	建筑物巡查	外观检查维护	××××供水洞启闭机室	每月一次	
2	××××供水洞	设备操作	电动葫芦的启动与关闭	××××供水洞启闭机室	检修工作闸门时	
3	××××供水洞	电动葫芦维护保养	电动葫芦的维护保养	××××供水洞启闭机室	每月一次	

填表人：　　　　　　　　　　　填表日期：　　　　　　　　　　　审核人：　　　　　　　　　　　审核日期：

45

单位：×××××平原水库-自动化及通信系统　　　　　　　　　序号：×××××水库STX-A2-004

序号	设备设施	作业活动名称	作业活动内容	岗位/地点	活动频率	备注
1	自动化设备	巡视作业	对各部位工控机、服务器、交换机、现地PLC等设备进行巡查	主副厂房、各闸室、监控室	每天	管理处
2	自动化设备	维护作业	对各部位监控系统、工控机、服务器、交换机、现地PLC，对蓄电池容量和电压、流量计等设备进行巡查维护，对光纤通断和光衰进行测试，对机柜接地电阻进行测试和巡查，对服务器进行专门的测试和巡查维护等	主副厂房、各闸室、监控室	每月	维护单位
3	自动化设备	维修作业	对损坏设备进行维修	主副厂房、各闸室、监控室	不定期	维护单位
4	通信网络设备	巡视作业	对机房环境、交换设备、传输设备、语音设备、电力电池室内UPS等进行巡查	主办公楼机房、电力电池室、泵站通信室	每天	管理处
5	通信网络设备	维护作业	对机房环境、交换设备、传输设备、语音设备进行巡查维护；对光纤通断和光衰进行测试，对电力电池室蓄电池电压和电流进行测试，对电力电池室内UPS等进行巡查测试，对机柜接地电阻进行测试和巡查，对服务器进行专门的测试和巡查维修等	主办公楼机房、电力电池室、泵站通信室	每月	维护单位
6	通信网络设备	维修作业	对损坏设备进行维修	主办公楼机房、电力电池室、泵站通信室	不定期	维护单位

填表人：　　　　　　　　　　填表日期：　　　　　　　　　审核人：　　　　　　　　　审核日期：

附录 B 风险点划分成果表样及示例

单位：××××平原水库-消防系统　　　　　　　　　　　　　　　　　　　　　　序号：××××水库STX-A2-005

序号	设备设施	作业活动名称	作业活动内容	岗位/地点	活动频率	备注
1	消防设备	巡查作业	对消防给水及消火栓系统、灭火器、七氟丙烷气体灭火系统、消防工作站、应急照明、应急疏散标志进行巡查	主办公楼、主副厂房、各闸室、管理园区	每天	管理处
2	消防设备	维护作业	对消防给水及消火栓系统、灭火器、七氟丙烷气体灭火系统、消防工作站、消防感应系统、火灾自动报警系统、应急照明、应急疏散标志进行维护	主办公楼、主副厂房、各闸室、管理园区	每月	管理处
3	消防设备	维修作业	对损坏设备进行维修	主办公楼、主副厂房、各闸室、管理园区	不定期	管理处

填表人：　　　　　　　　　　填表日期：　　　　　　　　　　审核人：　　　　　　　　　　审核日期：

单位：××××平原水库-园区供配电系统　　　　　　　　　　　　　　　　　　序号：××××水库STX-A2-006

序号	设备设施	作业活动名称	作业活动内容	岗位/地点	活动频率	备注
1	备用柴油发电机运行	设备操作	园区备用柴油发电机的启动与关闭	管理园区	每月一次	

填表人：　　　　　　　　　　填表日期：　　　　　　　　　　审核人：　　　　　　　　　　审核日期：

单位：××××平原水库-××××节制闸　　　　　　　　　　　　　　　　　　　序号：××××水库STX-A2-009

序号	设备设施	作业活动名称	作业活动内容	岗位/地点	活动频率	备注
1	××××节制闸	建筑物巡查	对外观检查维护	××××节制闸启闭机室	每月一次	
2	××××节制闸	设备操作	电动葫芦的启动与关闭	××××节制闸闸门	每月一次	
3	××××节制闸	设备保养	电动葫芦的维护保养	××××节制闸闸门	每月一次	

填表人：　　　　　　　　　　填表日期：　　　　　　　　　　审核人：　　　　　　　　　　审核日期：

单位：××××平原水库－出水闸　　　　　　　　　　　　　　　　序号：××××水库STX-A2-011

序号	设备设施	作业活动名称	作业活动内容	岗位/地点	活动频率	备注
1	出水闸	建筑物巡查	对出水闸外观检查维护	出水闸	每月一次	

填表人：　　　　　　　　　　填表日期：　　　　　　　　　　审核人：　　　　　　　　　　审核日期：

单位：××××平原水库－进水闸　　　　　　　　　　　　　　　　序号：××××水库STX-A2-010

序号	设备设施	作业活动名称	作业活动内容	岗位/地点	活动频率	备注
1	进水闸	建筑物巡查	对进水闸外观检查维护	进水闸	每月一次	

填表人：　　　　　　　　　　填表日期：　　　　　　　　　　审核人：　　　　　　　　　　审核日期：

表 B.2-4　场所区域清单（××××平原水库）

单位：××××平原水库　　　　　　　　　　　　　　　　序号：××××水库STX-A3-001

序号	设备设施	作业活动名称	作业活动内容	岗位/地点	备注
1	调度楼	办公区	空调、饮水机、热水器等	管理园区	
2	值班楼	生活区	空调、饮水机、热水器等	管理园区	
3	生产辅助用房	物资仓储区	备品备件、危化品、防汛物资、工器具等	管理园区	

填表人：　　　　　　　　　　填表日期：　　　　　　　　　　审核人：　　　　　　　　　　审核日期：

附录 C
（资料性）
风险辨识评价方法

C.1 作业条件危险性分析法（LEC）

C.1.1 对风险进行定性、定量评价，根据评价结果按从严从高的原则判定评价级别。可参见水利部办监督函〔2018〕1693号。

C.1.2 给三种因素的不同等级分别确定不同的分值，再以三个分值的乘积 D 来评价作业条件危险性的大小，按式（C.1-1）计算：

$$D = L \times E \times C \qquad (C.1-1)$$

式中 D——危险源带来的风险值，值越大，说明该作业活动危险性越大、风险越大；

L——发生事故的可能性大小；

E——人员暴露在危险环境中的频繁程度；

C——一旦发生事故会造成的损失后果。

C.1.3 不同水利工程运行管理单位按照实际情况制定本单位赋值及判定标准。参数赋值示例见表 C.1-1～表 C.1-4。

表 C.1-1　　　　　事故发生可能性（L）分值表

分数值	事故发生的可能性
10	完全可以预料
6	相当可能；或危害的发生不能被发现（没有检测系统）；或在现场没有采取防范、监测、保护、控制措施，或危害的发生不能被发现（没有监测系统），或在正常情况下经常发生此类事故或事件或偏差
3	可能但不经常；或危害的发生不容易被发现，现场没有检测系统，也未发生过任何监测，或在现场有控制措施，但未有效执行或控制措施不当，或危害常发生或在预期情况下发生
1	可能性小，完全意外；或没有保护措施（如没有保护装置、没有个人防护用品等），或未严格按操作程序执行，或危害的发生容易被发现（现场有监测系统），或曾经做过监测，或过去曾经发生类似事故或事件，或在异常情况下发生类似事故或事件
0.5	很不可能，可以设想；或危害一旦发生能及时发现，并定期进行监测

续表

分数值	事故发生的可能性
0.2	极不可能,或现场具有充分有效的防范、控制、监控、保护措施,并能有效执行,或员工安全卫生意识相当高,严格执行操作规程
0.1	实际不可能

注 不同水利工程运行管理单位按照实际情况制定本单位标准。

表 C.1-2 暴露于危险环境的频繁程度（E）分值表

分数值	暴露于危险环境中的频繁程度
10	连续暴露
6	每天工作时间内暴露
3	每周一次或偶然暴露
2	每月一次暴露
1	每年几次暴露
0.5	非常罕见地暴露

表 C.1-3 发生事故产生的后果（C）分值表

分数值	发生事故产生的后果	
	人员伤亡	直接经济损失/万元
100	2~3人死亡,或4~9人重伤	300~1000
40	1人死亡,或2~3人重伤	100~300
15	1人重伤	20~100
7	伤残	5~20
3	轻伤	1~5
1	无伤亡	≤1

表 C.1-4 计算结果（D）对应风险等级划分表

分数值	风险级别	风险等级	风险颜色	风险程度
>320	一级	重大风险	红	极其危险
160~320	二级	较大风险	橙	高度危险
70~160	三级	一般风险	黄	显著危险
<70	四级	低风险	蓝	一般危险

C.2 风险矩阵法（LS）

C.2.1 对于可能影响工程正常运行或导致工程破坏的一般危险源,由管理单位不同管理层级以及多个相关岗位的人员共同进行风险评价,可采用风险矩阵法（LS）。

C.2.2 风险矩阵法（LS）按式（C.2-1）计算：

$$R = L \times S \qquad (C.2-1)$$

式中 R——风险值；

L——发生事故的可能性；

S——事故造成危害的严重程度。

C.2.3 L 值应由管理单位三个管理层级（分管负责人、岗位负责人、运行管理人员）、多个相关岗位（运管、安全或有关岗位）人员按照以下过程和标准共同确定：

（1）由每位评价人员按照表 C.2-1，并参照《水利水电工程（水库、水闸）运行危险源辨识与风险评价导则》上的附件 5、附件 6 初步选取事故发生的可能性数值 LC。

表 C.2-1　　　　　　　L 值取值标准表

实际情况	一般情况下不会发生	极少情况下才发生	某些情况下发生	较多情况下发生	常常会发生
L 值	3	6	18	36	6

（2）分别计算出三个管理层级中，每一层级内所有人员所取 LC 值的算术平均数 L_{j1}、L_{j2}、L_{j3}。

（3）按照式（C.2-2）计算得出 L 的最终值：

$$L = 0.3 \times L_{j1} + 0.5 \times L_{j2} + 0.2 \times L_{j3} \qquad (C.2-2)$$

式中　$j1$——代表分管负责人层级；

　　　$j2$——代表岗位负责人层级；

　　　$j3$——代表管理人员层级。

C.2.4　S 值取值应按标准计算或选取确定，具体分为以下两种情况：

（1）在分析水库工程运行事故所造成危害的严重程度时，应综合考虑水库水位 H 和工程规模 M 两个因素，用两者的乘积值 V 所在区间作为 S 取值的依据；对于坝后式水电站宜综合考虑水库水位 H 和工程规模 M 两个因素，用两者的乘积值 V 所在区间作为 S 取值的依据。V 值应按照表 C.2-2 计算，S 值应按照表 C.2-3 取值。

（2）在分析水闸工程运行事故所造成危害的严重程度时，仅考虑工程规模这一因素，S 值应按照表 C.2-4 取值。

表 C.2-2　　　　　　　V 值计算表

水库水位 H		小(2)型 取值1	小(1)型 取值2	中型 取值3	大(2)型 取值4	大(1)型 取值5
H≤死水位	取值1	1	2	3	4	5
死水位＜H≤汛限水位	取值2	2	4	6	8	10
汛限水位＜H≤水电站设计洪水位	取值3	3	6	9	12	15

续表

水库水位 H	小(2)型 取值1	小(1)型 取值2	中型 取值3	大(2)型 取值4	大(1)型 取值5
水电站设计洪水位＜H≤校核洪水位 取值4	4	8	12	16	20
H＞校核洪水位 取值5	5	10	15	20	25

表 C.2-3　　　　水库工程 S 值取值标准

V 值区间	危害程度	水库工程 S 值取值	V 值区间	危害程度	水库工程 S 值取值
V≥21	灾难性	100	6≤V≤10	轻微	7
16≤V≤20	重大	40	V≤5	极轻微	3
11≤V≤15	中等	15			

表 C.2-4　　　　水闸工程 S 值取值

工程规模	小（2）型	小（1）型	中型	大（2）型	大（1）型
水闸工程 S 值	3	7	15	40	100

C.2.5　根据水利部（办监督函〔2020〕1114号）中风险矩阵法（LS法）的相关内容，摘录水电站、泵站风险评价时参数表，见表C.2-5～表C.2-7。除坝后式水电站外，在分析水电站、泵站工程运行事故所造成危害的严重程度时，以工程规模或等别作为 S 取值的依据，S 值应按照表C.2-7取值。

表 C.2-5　　　　L 值取值标准表

分类	一般情况下不会发生	极少情况下才发生	某些情况下发生	较多情况下发生	常常会发生
L 值	5	10	30	60	100

表 C.2-6　　　　坝后式水电站 S 值取值标准表

V 值区间	危害程度	水库工程 S 值取值	V 值区间	危害程度	水库工程 S 值取值
V≥21	灾难性	15	6≤V≤10	轻微	5
16≤V≤20	重大	10	V≤5	极轻微	3
11≤V≤15	中等	7			

表 C.2-7　　　　水电站、泵站工程 S 值取值标准表

工程规模或等别	小（2）型或V等	小（1）型或Ⅳ等	中型或Ⅲ等	大（2）型或Ⅱ等	大（1）型或Ⅰ等
S 值	3	5	7	10	15

附录 C （资料性）风险辨识评价方法

C.2.6 对于利用塘坝（库容 10 万 m^3 及以下）蓄水发电的水电站，其挡水建筑物的一般危险源辨识及风险评价，应按与水电站同等工程规模水库挡水建筑物的有关方法执行。

水利部办监督函〔2019〕1486 号和办监督函〔2020〕1114 号对水库、水闸和泵站工程运行一般危险源风险评价提供了赋分表，见表 C.2-8～表 C.2-10。

C.3 一般危险源风险等级划分

根据已选取或计算确定的一般危险源 L、S 值，按式（C.2）计算 R 值，再按照表 C.3-1 确定风险等级。

表 C.3-1 一般危险源风险等级划分标准表——风险矩阵法（LS法）

R 值区间	风险程度	风险等级	颜色标示
$R>320$	极其危险	重大风险	红
$160<R\leqslant320$	高度危险	较大风险	橙
$70<R\leqslant160$	中度危险	一般风险	黄
$R\leqslant70$	轻度危险	低风险	蓝

C.4 安全检查表法（SCL法）

C.4.1 针对设备设施类危险源辨识宜采用此方法，建立安全检查表分析评价记录。该方法可辨识每个子系统或部件中的危险源，检查的项目是静态物，而非活动。

C.4.2 安全检查表法（SCL法）要求如下：

（1）依据相关的标准，对工程、系统中已知的危险类别、设计缺陷以及与一般工艺设备、操作、管理有关的潜在危险有害因素进行判别检查。

（2）适用于对设备设施、建构筑物、安全间距、作业环境等存在的风险进行分析。

（3）分析步骤：选定对象→确定人员（岗位职责）→分解系统（子系统或部件）→收集依据资料→识别危险源→制定控制措施→汇审签批。

（4）安全检查表编制依据：

1）有关法规、标准、规范及规定等。

2）国内外事故案例和单位以往事故情况。

3）系统分析确定的危险部位及防范措施。

4）分析人员的经验和可靠的参考资料。

5）有关研究成果，同行业或类似行业检查表等。

表 C.2-8　水库工程运行一般危险源风险评价赋分表

序号	类别	项目	一般危险源	事故诱因	可能导致的后果	风险评价方法	L值范围	E值范围	S值或C值范围	R值或D值范围	风险等级范围
1	构(建)筑物类	挡水建筑物	坝顶车辆行驶	车辆超载、超速、超高、碰撞	路面损坏、防浪墙损坏、坝体结构变形或破坏	LS法	3~18	—	3~100	9~1800	低~重大
2			坝顶排水	排水设施失效、积水	交通中断、车辆损坏	LS法	3~6	—	3~100	9~600	低~重大
3			混凝土、浆砌石坝坝体渗漏	接缝破损、止水失效	结构破坏	LS法	3~36	—	3~100	9~3600	低~重大
4			混凝土、浆砌石坝坝体内部廊道渗漏	接缝破损、止水失效	沉降、设备损坏	LS法	3~18	—	3~100	9~1800	低~重大
5			混凝土、浆砌石坝坝体内部廊道排水	排水设施失效、积水	沉降、设备损坏	LS法	3~18	—	3~100	9~1800	低~重大
6			上游坡坡面	滑坡、裂缝	结构破坏、坝坡失稳	LS法	3~36	—	3~100	9~3600	低~重大
7			上游坡受波浪冲刷	护坡结构破损	结构破坏	LS法	3~18	—	3~100	9~1800	低~重大
8			下游坡坡面	滑坡、裂缝	结构破坏、坝坡失稳	LS法	3~36	—	3~100	9~3600	低~重大
9			下游坡受水流冲刷	护坡结构破损	护坡剥蚀	LS法	3~6	—	3~100	9~600	低~重大
10			坝肩排水	排水设施失效	位移、变形	LS法	3~18	—	3~100	9~1800	低~重大

附录C （资料性）风险辨识评价方法

续表

序号	类别	项目	一般危险源	事故诱因	可能导致的后果	风险评价方法	L值范围	E值范围	S值或C值范围	R值或D值范围	风险等级范围
11	构（建）筑物类	泄水建筑物	溢洪道进水段、泄槽段坡面	水流冲刷	崩塌、开裂	LS法	3～36	—	3～100	9～3600	低～重大
12			溢洪道结构表面	水流冲刷	结构破坏、裂缝、剥蚀、空蚀	LS法	3～18	—	3～100	9～1800	低～重大
13			溢洪道渗漏	接缝破损、止水失效	位移、墙后土体塌陷	LS法	3～18	—	3～100	9～1800	低～重大
14			溢洪道溢流堰体	水流冲刷	结构破坏、剥蚀、空蚀	LS法	3～36	—	3～100	9～3600	低～重大
15			溢洪道渗流	防渗设施不完善	位移、沉降	LS法	3～18	—	3～100	9～1800	低～重大
16			溢洪道下游河床、岸坡	水流冲刷、淤积物	凹陷、滑坡、堵塞	LS法	3～18	—	3～100	9～1800	低～重大
17			泄洪（隧）洞进水段、出口段	水流冲刷	滑塌	LS法	3～18	—	3～100	9～1800	低～重大
18			泄洪（隧）洞洞身表面	水流冲刷	结构破坏、裂缝、剥蚀、空蚀	LS法	3～36	—	3～100	9～3600	低～重大
19			泄洪（隧）洞消能设施	水流冲刷	消能设施破坏	LS法	3～18	—	3～100	9～1800	低～重大
20			泄洪（隧）洞排气设施	排气不畅	空蚀破坏、震动	LS法	3～18	—	3～100	9～1800	低～重大

续表

序号	类别	项目	一般危险源	事故诱因	可能导致的后果	风险评价方法	L值范围	E值范围	S值或C值范围	R值或D值范围	风险等级范围
21	构(建)筑物类	泄水建筑物	泄洪(隧)洞渗流	防渗设施不完善	位移、沉降	LS法	3~18	—	3~100	9~1800	低~重大
22			泄洪(隧)洞围岩	不良地质	变形、位移	LS法	3~18	—	3~100	9~1800	低~重大
23			泄洪(隧)洞下游河床、岸坡	水流冲刷、淤积物	凹陷、滑坡、堵塞	LS法	3~18	—	3~100	9~1800	低~重大
24			输水(隧)(管)洞进水段、隧洞段表面	水流冲刷	结构破坏、滑塌	LS法	3~18	—	3~100	9~1800	低~重大
25			输水(隧)(管)洞出口段表面	水流冲刷	结构破坏、裂缝、剥蚀、空蚀	LS法	3~6	—	3~100	9~600	低~重大
26			输水(隧)(管)洞消能设施	水流冲刷	消能设施破坏	LS法	3~18	—	3~100	9~1800	低~重大
27			输水(隧)(管)洞排气设施	排气不畅	空蚀破坏、震动	LS法	3~6	—	3~100	9~600	低~重大
28		输水建筑物	输水(管)渗流	防渗设施不完善	位移、沉降	LS法	3~18	—	3~100	9~1800	低~重大
29			输水(管)隧洞围岩	不良地质	变形、位移	LS法	3~18	—	3~100	9~1800	低~重大
30			输水(管)下游河床、岸坡	水流冲刷、淤积物	凹陷、滑坡、堵塞	LS法	3~6	—	3~100	9~600	低~重大

附录C （资料性）风险辨识评价方法

续表

序号	类别	项目	一般危险源	事故诱因	可能导致的后果	风险评价方法	L值范围	E值范围	S值或C值范围	R值或D值范围	风险等级范围
31	构（建）筑物类	过船建筑物	过船建筑物中船只通行	船只碰撞	建筑物结构损坏、船体损坏、航道堵塞	LS法	3～18	—	3～100	9～1800	低～重大
32			过船建筑物中船载物品	物品掉落	航道堵塞、环境污染	LS法	3～6	—	3～100	9～600	低～重大
33		桥梁	桥梁上车辆行驶	车辆超载、超高、碰撞	桥体损坏、垮塌	LS法	3～18	—	3～100	9～1800	低～重大
34			桥梁下方船只通行	船只碰撞	桥体损坏、垮塌	LS法	3～18	—	3～100	9～1800	低～重大
35			桥梁上有大型机械运行	超重、碰撞	桥体损坏、垮塌	LS法	3～6	—	3～100	9～600	低～重大
36			桥梁表面排水	排水设施失效、积水	交通中断	LS法	3～6	—	3～100	9～600	低～重大
37		近坝岸坡	近坝岸坡地质条件	不良地质	变形、失稳、坍塌	LS法	3～36	—	3～100	9～3600	低～重大
38			近坝岸坡表面	水流冲刷	岸坡损坏、变形、滑塌	LS法	3～18	—	3～100	9～1800	低～重大
39			近坝岸坡排水	排水设施失效	变形、滑塌	LS法	3～18	—	3～100	9～1800	低～重大

57

续表

序号	类别	项目	一般危险源	事故诱因	可能导致的后果	风险评价方法	L值范围	E值范围	S值或C值范围	R值或D值范围	风险等级范围
40	金属结构类	闸门	按水利部（办监督函〔2019〕1486号）中的附件6《水闸工程运行一般危险源风险评价赋分表》执行								
41		启闭机械									
42		电气设备									
43		特种设备									
44	设备设施类	管理设施	水文测报站网及自动测报系统	功能失效	影响工程调度运行	LS法	3~18	—	3~100	9~1800	低~重大
45			观测设施	设施损坏	影响工程调度运行	LS法	3~6	—	3~100	9~600	低~重大
46			变形、渗流、应力应变、温度等安全监测系统	功能失效	不能及时发现工程隐患或险情	LS法	3~18	—	3~100	9~1800	低~重大
47			水质监测系统	功能失效	不能及时发现水质问题	LS法	3~6	—	3~100	9~600	低~重大
48			通信及预警设施	设施损坏	影响工程调度运行、防汛抢险	LS法	3~18	—	3~100	9~1800	低~重大
49			闸门远程控制系统	功能失效、积水	影响闸门启闭、工程调度运行	LS法	3~18	—	3~100	9~1800	低~重大

附录C （资料性）风险辨识评价方法

续表

序号	类别	项目	一般危险源	事故诱因	可能导致的后果	风险评价方法	L值范围	E值范围	S值或C值范围	R值或D值范围	风险等级范围
50	设备设施类	管理设施	网络设施	设施损坏	影响闸门启闭，工程调度运行，安全监测数据传输	LS法	3~18	—	3~100	9~1800	低~重大
51			防汛抢险照明设施	设施损坏	影响夜间防汛抢险	LS法	3~6	—	3~100	9~600	低~重大
52			防汛上坝道路	设施损坏	影响防汛人员、物资等运送	LS法	3~6	—	3~100	9~600	低~重大
53			与外界联系交通道路	设施损坏	影响工程防汛抢险	LS法	3~6	—	3~100	9~600	低~重大
54			消防设施	设施损坏	不能及时扑灭火灾，影响工程运行安全	LS法	3~18	—	3~100	9~1800	低~重大
55			防雷保护系统	功能失效	电气系统损坏，影响工程运行安全	LS法	3~18	—	3~100	9~1800	低~重大
56	作业活动类	作业活动	机械作业	违章指挥，违章操作，违反劳动纪律，未正确使用防护用品，未持证上岗	机械伤害	LEC法	0.5~3	2~6	3~7	3~126	低~一般
57			起重、搬运作业		起重伤害、物体打击	LEC法	0.5~3	2~6	3~7	3~126	低~一般
58			高空作业		高处坠落、物体打击	LEC法	0.5~6	2~6	3~7	3~252	低~较大

续表

序号	类别	项目	一般危险源	事故诱因	可能导致的后果	风险评价方法	L值范围	E值范围	S值或C值范围	R值或D值范围	风险等级范围
59	作业活动类	作业活动	电焊作业	违章指挥、违章操作、违反劳动纪律、未正确使用防护用品、未持证上岗	灼烫、触电、火灾	LEC法	0.5~3	2~6	3~7	3~126	低~一般
60			带电作业		触电	LEC法	0.5~3	2~6	3~7	3~126	低~一般
61			有限空间作业		淹溺、窒息、坍塌	LEC法	0.5~3	2~6	3~7	3~126	低~一般
62			水上观测与检查作业		淹溺	LEC法	0.5~3	2~6	3~7	3~126	低~一般
63			水下观测与检查作业		淹溺	LEC法	0.5~6	2~6	3~7	3~252	低~较大
64			车辆行驶		车辆伤害	LEC法	0.5~3	2~6	3~15	3~270	低~较大
65			船舶行驶		淹溺	LEC法	0.5~3	2~6	3~15	3~270	低~较大
66	管理类	管理体系	机构组成与人员配备	机构不健全	影响工程运行管理	LS法	3~18	—	3~100	9~1800	低~重大
67			安全管理规章制度与操作规程制定	制度不健全	影响工程运行管理	LS法	3~18	—	3~100	9~1800	低~重大
68			防汛抢险物料准备	物料准备不足	影响工程防汛抢险	LS法	3~6	—	3~100	9~600	低~重大
69			维修养护物资准备	物资准备不足	影响工程运行安全	LS法	3~6	—	3~100	9~600	低~重大

附录 C （资料性）风险辨识评价方法

续表

序号	类别	项目	一般危险源	事故诱因	可能导致的后果	风险评价方法	L 值范围	E 值范围	S 值或 C 值范围	R 值或 D 值范围	风险等级范围
70	管理类	管理体系	人员基本支出和工程维修养护经费落实	经费未落实	影响工程运行管理	LS法	3~18	—	3~100	9~1800	低~重大
71			管理、作业人员教育培训	培训不到位	影响工程运行安全、人员作业安全	LS法	3~18	—	3~100	9~1800	低~重大
72			管理和保护范围划定	范围不明确	影响工程运行管理	LS法	3~18	—	3~100	9~1800	低~重大
73			管理和保护范围内修建码头、鱼塘等	管理不到位	影响工程运行安全	LS法	3~18	—	3~100	9~1800	低~重大
74		运行管理	调度规程编制与报批	未编制、报批	影响工程运行安全	LS法	3~6	—	3~100	9~600	低~重大
75			汛期调度运用计划编制与报批	未编制、报批	影响工程运行安全	LS法	3~18	—	3~100	9~1800	低~重大
76			应急预案编制、报批、演练	未编制、报批、或演练	影响工程防汛抢险	LS法	3~18	—	3~100	9~1800	低~重大
77			监测资料整编分析	未落实	不能及时发现工程隐患	LS法	3~18	—	3~100	9~1800	低~重大
78			维修养护计划制定	未制定	不能及时消除工程隐患	LS法	3~6	—	3~100	9~600	低~重大
79			操作票、工作票管理及使用	未落实	影响工程运行管理	LS法	3~18	—	3~100	9~1800	低~重大

上篇　安全风险分级管控

续表

序号	类别	项目	一般危险源	事故诱因	可能导致的后果	风险评价方法	L值范围	E值范围	S值或C值范围	R值或D值范围	风险等级范围
80	管理类	运行管理	警示、禁止标识设置	设置不足	影响工程运行安全、人员安全	LS法	3~18	—	3~100	9~1800	低~重大
81			上游水库泄洪	未及时通知	影响工程运行安全	LS法	3~18	—	3~100	9~1800	低~重大
82			管理和保护范围内山体（土体）存在潜在滑坡、落石区域	大风、暴雨、洪水等	坍塌、物体打击	LEC法	0.5~3	0.5~3	3~15	0.75~135	低~一般
83			库区淤积物	山体滑坡	浪涌破坏	LS法	3~18	—	3~100	9~1800	低~重大
84			船只、漂浮物	碰撞	影响工程运行安全	LS法	3~18	—	3~100	9~1800	低~重大
85	环境类	自然环境	雷电、暴雨雪、大风、冰雹、极端温度等恶劣气候	防护措施不到位，极端天气前的安全检查不到位	影响工程运行安全	LS法	3~18	—	3~100	9~1800	低~重大
86			结构受侵蚀性介质作用	侵蚀性介质接触	建筑物结构损坏	LS法	3~18	—	3~100	9~1800	低~重大
87			水生生物	吸附在闸门、门槽上	影响闸门启闭	LS法	3~6	—	3~100	9~600	低~重大

62

附录 C （资料性）风险辨识评价方法

续表

序号	类别	项目	一般危险源	事故诱因	可能导致的后果	风险评价方法	L 值范围	E 值范围	S 值或 C 值范围	R 值或 D 值范围	风险等级范围
89	环境类	自然环境	水面漂浮物、垃圾	闸槽附近堆积	影响闸门启闭	LS法	3~18	—	3~100	9~1800	低~重大
90			危险的动物、植物	蓄伤、咬伤、扎伤等	影响人身安全	LEC法	0.5~3	2~6	3~7	3~126	低~一般
91			老鼠、蛇等	打洞	影响工程运行安全	LS法	3~18	—	3~100	9~1800	低~重大
92			有毒有害气体	溢出	中毒	LEC法	0.5~3	2~6	3~7	3~126	低~一般
93			斜坡、步梯、通道、作业场地	结冰或湿滑	高处坠落、扭伤、摔伤	LEC法	0.5~3	2~6	3~7	3~126	低~一般
94			临边、临水部位	防护措施不到位	高处坠落、淹溺	LEC法	0.5~3	2~6	3~7	3~126	低~一般
95		工作环境	人员密集活动	拥挤、踩踏	人员伤亡	LEC法	0.5~1	0.5~3	3~40	0.75~120	低~一般
96			食堂食材	有毒物质、变质	中毒	LEC法	0.5~3	2~6	3~15	3~90	低~一般
97			可燃物堆积	明火	火灾	LEC法	0.5~3	2~6	3~7	3~126	低~一般
98			电源插座	漏电、短路、线路老化等	火灾、触电	LEC法	0.5~3	2~6	3~7	3~126	低~一般
99			大功率电器使用	过载、电器老化、线路质量不合格等	火灾	LEC法	0.5~3	2~6	3~7	3~126	低~一般
100			游客的活动	管理不到位、防护措施不到位、安全意识不足等	高处坠落、触电	LEC法	0.5~3	2~6	3~7	3~126	低~一般

表 C.2-9　水闸工程运行一般危险源风险评价赋分表

序号	类别	项目	一般危险源	事故诱因	可能导致的后果	风险评价方法	L值范围	E值范围	S值或C值范围	R值或D值范围	风险等级范围
1	构(建)筑物类	闸室段	底板、闸墩、胸墙结构表面	水流冲刷	结构破坏、裂缝、剥蚀	LS法	3~18	—	3~100	9~1800	低~重大
2			底板、闸墩渗流	防渗设施不完善	位移、沉降	LS法	3~18	—	3~100	9~1800	低~重大
3			交通桥、工作桥上车辆行驶	车辆超载、超速、超高、碰撞	排架柱、桥体损坏	LS法	3~18	—	3~100	9~1800	低~重大
4			交通桥、工作桥上有大型机械运行	超重、碰撞	排架柱、桥体损坏	LS法	3~6	—	3~100	3~600	低~重大
5			交通桥、工作桥表面排水	排水设施失效积水	交通中断、车辆损坏	LS法	3~6	—	3~100	3~600	低~重大
6			启闭机房及控制室屋面及外墙防水	防水失效暴雨	设备损坏	LS法	3~18	—	3~100	9~1800	低~重大
7		上下游连接段	消力池、海漫、防冲墙、铺盖、护坡、护底结构表面	水流冲刷	设施破坏	LS法	3~18	—	3~100	9~1800	低~重大
8			消力池、海漫、防冲墙、铺盖、护坡、护底结构表面	接缝破损、止水失效	位移、结构破坏	LS法	3~18	—	3~100	9~1800	低~重大
9			消力池、海漫、防冲墙、铺盖、护坡、护底渗漏	排水设施失效	变形、滑塌	LS法	3~18	—	3~100	9~1800	低~重大
10			防冲槽	水流冲刷、淤积物	凹陷	LS法	3~18	—	3~100	9~1800	低~重大

附录 C （资料性）风险辨识评价方法

续表

序号	类别	项目	一般危险源	事故诱因	可能导致的后果	风险评价方法	L值范围	E值范围	S值或C值范围	R值或D值范围	风险等级范围
11	构（建）筑物类	上下游连接段	岸、翼墙排水	接缝破损、止水失效	位移、变形	LS法	3～36	—	3～100	3～3600	低～重大
12			岸、翼墙结构表面	水流冲刷	结构破坏、裂缝、剥蚀、变形	LS法	3～18	—	3～100	9～1800	低～重大
13			上下游河床、岸坡表面	水流冲刷、淤积物	回陷、滑坡、变形	LS法	3～18	—	3～100	9～1800	低～重大
14			工作闸门止水	暴露、侵蚀性介质	止水老化及破损、渗漏	LS法	3～18	—	3～100	9～1800	低～重大
15			工作闸门下水流	流态异常	闸门振动	LS法	3～36	—	3～100	3～3600	低～重大
16	金属结构类	闸门	工作闸门门体及埋件	暴露、磨损、锈蚀	影响闸门启闭	LS法	3～18	—	3～100	9～1800	低～重大
17			工作闸门支承行走机构部件	暴露、磨损、锈蚀	影响闸门启闭	LS法	3～6	—	3～100	3～600	低～重大
18			工作闸门吊耳板、吊轴	暴露、锈蚀	影响闸门启闭	LS法	3～6	—	3～100	3～600	低～重大
19			工作闸门锁定梁、销	暴露、锈蚀	闸门启闭无上下限保护	LS法	3～6	—	3～100	3～600	低～重大
20			工作闸门开度限位装置	功能失效	影响闸门启闭	LS法	3～18	—	3～100	9～1800	低～重大
21			工作闸门融冰装置	功能失效	影响闸门启闭	LS法	3～18	—	3～100	9～1800	低～重大
22			检修闸门止水暴露	暴露、磨损、侵蚀性介质	止水老化及破损、渗漏	LS法	3～6	—	3～100	3～600	低～重大

65

续表

序号	类别	项目	一般危险源	事故诱因	可能导致的后果	风险评价方法	L值范围	E值范围	S值或C值范围	R值或D值范围	风险等级范围
23	金属结构类	启闭机械	卷扬式启闭机部件	磨损、锈蚀	影响启闭	LS法	3~36	—	3~100	3~3600	低~重大
24			卷扬式启闭机钢丝绳	磨损、锈蚀、压块松动	影响启闭	LS法	3~36	—	3~100	3~3600	低~重大
25			液压式启闭机部件	磨损、锈蚀	影响启闭	LS法	3~36	—	3~100	3~3600	低~重大
26			液压式启闭机自动纠偏系统	功能失效	影响设备运行	LS法	3~6	—	3~100	3~600	低~重大
27			液压式启闭机油泵	未及时维修养护	影响启闭	LS法	3~18	—	3~100	9~1800	低~重大
28			液压式启闭机油管系统	功能失效	影响启闭	LS法	3~6	—	3~100	3~600	低~重大
29			液压油油量、油质	油量不足、油质不纯	影响启闭	LS法	3~18	—	3~100	9~1800	低~重大
30			螺杆式启闭机部件	磨损、变形	影响启闭	LS法	3~18	—	3~100	9~1800	低~重大
31			门机部件	磨损、锈蚀	影响设备运行	LS法	3~18	—	3~100	9~1800	低~重大
32			门机制动器	磨损、锈蚀	影响设备运行	LS法	3~6	—	3~100	3~600	低~重大
33			门机轨道	磨损、锈蚀	影响设备运行	LS法	3~6	—	3~100	3~600	低~重大
34			门机钢丝绳	磨损、锈蚀、压块松动	影响启闭	LS法	3~36	—	3~100	3~3600	低~重大

附录C（资料性）风险辨识评价方法

续表

序号	类别	项目	一般危险源	事故诱因	可能导致的后果	风险评价方法	L值范围	E值范围	S值或C值范围	R值或D值范围	风险等级范围
35	金属结构类	启闭机械	电动葫芦部件	磨损、锈蚀	影响启闭	LS法	3～18	—	3～100	9～1800	低～重大
36			电动葫芦钢丝绳	磨损、锈蚀、压块松动	影响启闭	LS法	3～36	—	3～100	3～3600	低～重大
37			电动葫芦吊钩	锈蚀	影响启闭	LS法	3～6	—	3～100	3～600	低～重大
38			电动葫芦制动轮	磨损、锈蚀	影响设备运行	LS法	3～6	—	3～100	3～600	低～重大
39			电动葫芦轨道	磨损、锈蚀	影响设备运行	LS法	3～6	—	3～100	3～600	低～重大
40	设备设施类	电气设备	供电、变配电设备架空线路	线路老化、绝缘降低	触电、设备损坏	LS法	3～18	—	3～100	9～1800	低～重大
41			供电、变配电设备电缆	线路老化、绝缘降低	触电、设备损坏	LS法	3～6	—	3～100	3～600	低～重大
42			供电、变配电设备仪表	功能失效	仪表损坏	LS法	3～18	—	3～100	9～1800	低～重大
43			高压开关设备	未及时维修养护	影响设备运行	LS法	3～18	—	3～100	9～1800	低～重大
44			设备接地	未检查接地	触电	LS法	3～18	—	3～100	9～1800	低～重大
45			防静电设备	未检查设备状况	触电	LS法	3～18	—	3～100	9～1800	低～重大
46			柴油发电机	未及时修养护	停电、影响运行	LS法	3～18	—	3～100	9～1800	低～重大
47			发电机备用柴油	油量不足	停电、影响运行	LS法	3～18	—	3～100	9～1800	低～重大
48			备用供电回路	未检查线路状况	停电、影响运行	LS法	3～36	—	3～100	3～3600	低～重大

67

续表

序号	类别	项目	一般危险源	事故诱因	可能导致的后果	风险评价方法	L值范围	E值范围	S值或C值范围	R值或D值范围	风险等级范围
49	设备设施类	特种设备	电梯	未及时维修养护、未定期检测	影响正常运行	LEC法	0.5~3	2~6	3~15	3~270	低~重大
50			压力钢管			LS法	3~18	—	3~100	9~1800	低~重大
51			锅炉			LS法	3~18	—	3~100	9~1800	低~重大
52			压力容器			LS法	3~18	—	3~100	9~1800	低~重大
53			专用机动车辆			LEC法	0.5~3	2~6	3~15	3~270	低~重大
54			水文测报站网及自动测报系统	功能失效	影响工程调度运行	LS法	3~18	—	3~100	9~1800	低~重大
55			观测设施	设施损坏	影响工程调度运行	LS法	3~6	—	3~100	3~600	低~重大
56			变形、渗流、应力应变、温度、地震等安全监测系统	功能失效	不能及时发现工程隐患或险情	LS法	3~18	—	3~100	9~1800	低~重大
57		管理设施	通信及预警设施	设施损坏	影响工程调度运行、防汛抢险	LS法	3~18	—	3~100	9~1800	低~重大
58			闸门远程控制系统	功能失效	影响闸门启闭、工程调度运行	LS法	3~18	—	3~100	9~1800	低~重大
59			网络设施	设施损坏	影响闸门启闭、工程调度运行、安全监测数据传输	LS法	3~18	—	3~100	9~1800	低~重大
60			防汛抢险照明设施	设施损坏	影响夜间防汛抢险	LS法	3~6	—	3~100	3~600	低~重大
61			防汛上坝道路	设施损坏	影响防汛人员、物资等运送	LS法	3~6	—	3~100	3~600	低~重大
62			与外界联系交通道路	设施损坏	影响工程防汛抢险	LS法	3~6	—	3~100	3~600	低~重大

附录C （资料性）风险辨识评价方法

续表

序号	类别	项目	一般危险源	事故诱因	可能导致的后果	风险评价方法	L值范围	E值范围	S值或C值范围	R值或D值范围	风险等级范围
63	设备设施类	管理设施	消防设施	设施损坏、过期或失效	不能及时预警，不能正常发挥灭火功能	LS法	3~18	—	3~100	9~1800	低~重大
64			防雷保护系统	功能失效	电气系统损坏，影响工程运行安全	LS法	3~18	—	3~100	9~1800	低~重大
65	作业活动类	作业活动	机械作业	违章指挥、违章操作、违反劳动纪律、未正确使用防护用品、无证上岗	机械伤害	LEC法	0.5~3	2~6	3~7	3~126	低~一般
66			起重、搬运作业		起重伤害、物体打击	LEC法	0.5~3	2~6	3~7	3~126	低~一般
67			高空作业		高处坠落、物体打击	LEC法	0.5~6	2~6	3~7	3~252	低~较大
68			电焊作业		灼烫、触电、火灾	LEC法	0.5~3	2~6	3~7	3~126	低~一般
69			带电作业		触电	LEC法	0.5~3	2~6	3~7	3~126	低~一般
70			有限空间作业		淹溺、窒息、坍塌	LEC法	0.5~3	2~6	3~7	3~126	低~一般
71			水上观测与检查作业		淹溺	LEC法	0.5~3	2~6	3~7	3~126	低~一般
72			水下观测与检查作业		淹溺	LEC法	0.5~6	2~6	3~7	3~252	低~较大
73			车辆行驶		车辆伤害	LEC法	0.5~3	2~6	3~15	3~270	低~较大
74			船舶行驶		淹溺	LEC法	0.5~3	2~6	3~15	3~270	低~较大

69

续表

序号	类别	项目	一般危险源	事故诱因	可能导致的后果	风险评价方法	L值范围	E值范围	S值或C值范围	R值或D值范围	风险等级范围
75	管理类	管理体系	机构组成与人员配备	机构不健全	影响工程运行管理	LS法	3~18	—	3~100	9~1800	低~重大
76			安全管理规章制度制定与操作规程制定	制度不健全	影响工程运行管理	LS法	3~18	—	3~100	9~1800	低~重大
77			防汛抢险物料准备	物料准备不足	影响工程防汛抢险	LS法	3~6	—	3~100	3~600	低~重大
78			维修养护物资准备	物资准备不足	影响工程运行安全	LS法	3~6	—	3~100	3~600	低~重大
79			人员基本支出和工程维修养护经费落实	经费未落实	影响工程运行管理	LS法	3~18	—	3~100	9~1800	低~重大
80			管理、作业人员教育培训	培训不到位	影响工程运行安全、人员作业安全	LS法	3~18	—	3~100	9~1800	低~重大
81	管理类	运行管理	管理和保护范围划定	范围不明确	影响工程运行管理	LS法	3~6	—	3~100	3~600	低~重大
82			调度规程编制与报批	未编制、报批	影响工程运行安全	LS法	3~18	—	3~100	9~1800	低~重大
83			汛期调度运用计划编制与报批	未编制、报批	影响工程运行安全	LS法	3~18	—	3~100	9~1800	低~重大
84			应急预案编制、报批、演练	未编制、报批或演练	影响工程防汛抢险	LS法	3~18	—	3~100	9~1800	低~重大
85			监测资料整编分析	未落实	不能及时发现工程隐患	LS法	3~18	—	3~100	9~1800	低~重大
86			维修养护计划制定	未制定	不能及时消除工程隐患	LS法	3~6	—	3~100	3~600	低~重大

附录C （资料性）风险辨识评价方法

续表

序号	类别	项目	一般危险源	事故诱因	可能导致的后果	风险评价方法	L值范围	E值范围	S值或C值范围	R值或D值范围	风险等级范围
87	管理类	运行管理	操作票、工作票管理及使用	未落实	影响工程运行管理	LS法	3～18	—	3～100	9～1800	低～重大
88			警示、禁止标识设置	设置不足	影响工程运行安全、人员安全	LS法	3～18	—	3～100	9～1800	低～重大
89	环境类	自然环境	管理和保护范围内山体（土体）存在潜在滑坡、落石区域	大风、暴雨、洪水等	坍塌、物体打击	LEC法	0.5～3	0.5～3	3～15	0.75～135	低～一般
90			船只、漂浮物	碰撞	浪涌破坏	LS法	3～18	—	3～100	9～1800	低～重大
91			雷电、暴雨雪、大风、冰雹、极端温度等恶劣气候	防护措施不到位、极端天气前后的安全检查不到位	影响工程运行安全	LS法	3～18	—	3～100	9～1800	低～重大
92			结构受侵蚀性介质作用	侵蚀性介质接触	建筑物结构损坏	LS法	3～18	—	3～100	9～1800	低～重大
93			水生生物	吸附在闸门、门槽上	影响闸门启闭	LS法	3～18	—	3～100	9～1800	低～重大
94			水面漂浮物、垃圾	在门槽附近堆积	影响闸门启闭	LS法	3～6	—	3～100	3～600	低～重大
95						LS法	3～18	—	3～100	9～1800	低～重大

71

续表

序号	类别	项目	一般危险源	事故诱因	可能导致的后果	风险评价方法	L 值范围	E 值范围	S 值或 C 值范围	R 值或 D 值范围	风险等级范围
96	环境类	自然环境	危险的动物、植物	蜇伤、咬伤、扎伤等	影响人身安全	LEC法	0.5~3	2~6	3~7	3~126	低~一般
97			老鼠、蛇等	打洞	影响工程运行安全	LS法	3~18	—	3~100	9~1800	低~重大
98			有毒有害气体	溢出	中毒	LEC法	0.5~3	2~6	3~7	3~126	低~一般
99			斜坡、步梯、通道、作业场地	结冰或湿滑	高处坠落、扭伤、摔伤	LEC法	0.5~3	2~6	3~7	3~126	低~一般
100			临边、临水部位	防护措施不到位	高处坠落、淹溺	LEC法	0.5~3	2~6	3~7	3~126	低~一般
101			人员密集活动	拥挤、踩踏	人员伤亡	LEC法	0.5~1	0.5~3	3~40	0.75~120	低~一般
102			食堂食材	有毒物质	中毒	LEC法	0.5~1	2~6	3~15	3~90	低~一般
103	环境类	工作环境	可燃物堆积	明火	火灾	LEC法	0.5~3	2~6	3~7	3~126	低~一般
104			电源插座	漏电、短路、线路老化等	火灾、触电	LEC法	0.5~3	2~6	3~7	3~126	低~一般
105			大功率电器使用	过载、电器老化、线路质量不合格等	火灾	LEC法	0.5~3	2~6	3~7	3~126	低~一般
106			游客的活动	管理不到位、防护措施不到位、安全意识不足等	高处坠落、触电	LEC法	0.5~3	2~6	3~7	3~126	低~一般

附录C （资料性）风险辨识评价方法

表C.2-10 泵站工程运行一般危险源风险评价赋分表（指南）

序号	类别	项目	一般危险源	事故诱因	可能导致的后果	风险评价方法	L值范围	E值范围	S值或C值范围	R值或D值范围	风险等级范围
1	构（建）筑物类	进、出水建筑物	进、出水渠	冲刷、变形、渗漏	淤积、坍塌	LS法	5~10	—	3~15	15~150	低~一般
2			前池、进水池	渗漏、水位骤降	隆起、开裂破坏	LS法	5~10	—	3~15	15~150	低~一般
3			进水流道	进水流道淤积	堵塞	LS法	5~5	—	3~15	15~75	低~一般
4			出水流道	沉降变形	渗水、漫溢、设备受损	LS法	5~5	—	3~15	15~75	低~一般
5			压力水箱	沉降变形、止水失效	水淹厂房，设备受损	LS法	5~30	—	3~15	15~450	低~重大
6			进、出水翼墙	沉降变形、渗透破坏	滑移、裂缝、倾覆、倒塌	LS法	5~30	—	3~15	15~450	低~重大
7		泵房	站身稳定及渗流	抗滑不足或防渗失效	滑移、沉降、裂缝	LS法	5~30	—	3~15	15~450	低~重大
8			厂房结构	使用不当，振动、裂缝、结构徐变、变形	结构破坏、渗漏	LS法	5~30	—	3~15	15~450	低~重大
9			泵房屋面及外墙防水	防水失效、暴雨、雨水管堵塞	漏水、设备损坏	LS法	5~30	—	3~15	15~450	低~重大

73

续表

序号	类别	项目	一般危险源	事故诱因	可能导致的后果	风险评价方法	L值范围	E值范围	S值或C值范围	R值D值范围	风险等级范围
10	输水建筑（构）物类		进、排气设施	进、排气通道堵塞	影响管道运行安全、爆管、渗漏	LS法	5~30	—	3~15	15~450	低~重大
11			出水流道真空破坏设施	设施功能失效	无法断流、机组飞逸	LS法	5~30	—	3~15	15~450	低~重大
12			调压塔	溢水、闸阀关闭不严	调水锤失效、防水锤失效、渗漏	LS法	5~30	—	3~15	15~450	低~重大
13			压力管道	水锤防护设施失效	爆管、水淹厂房	LS法	5~30	—	3~15	15~450	低~重大
14			基础及支架	沉降、倾覆	设备损坏	LS法	5~30	—	3~15	15~450	低~重大
15		变电站管理房	结构、屋面及外墙防水	变形、裂缝、渗漏、防水失效	结构破坏、渗漏影响使用	LS法	5~30	—	3~15	15~450	低~重大
16		岸坡	岸坡	不良地质、流水冲刷、浸润线涨高	滑坡、失稳、坍塌	LS法	5~30	—	3~15	15~450	低~重大
17	金属结构类	闸门	防洪闸门	无法关闭	倒灌、水淹站区	LS法	5~30	—	3~15	15~450	低~重大
18			快速闸门/拍门	出口拍门故障	机组无法启用或停机后倒转基至飞逸	LS法	5~30	—	3~15	15~450	低~重大
19			工作闸门	磨损、锈蚀	止水失效、锈蚀损坏	LS法	5~30	—	3~15	15~450	低~重大
20			检修闸门	磨损、锈蚀	止水失效、锈蚀损坏	LS法	5~5	—	3~15	15~75	低~一般

附录C （资料性）风险辨识评价方法

续表

序号	类别	项目	一般危险源	事故诱因	可能导致的后果	风险评价方法	L值范围	E值范围	S值或C值范围	R值或D值范围	风险等级范围
21	金属结构类	闸门	事故闸门	不能及时关闭，断流失效	机组无法停机，倒转甚至飞逸	LS法	5~30	—	3~15	15~450	低~重大
22	金属结构类	拦污与清污设备	拦污栅	锈蚀、撞击损坏	设备损坏，影响机组运行	LS法	5~30	—	3~15	15~450	低~重大
23			清污机	磨损、锈蚀、电机及回路控制设备故障	影响设备运行	LS法	5~30	—	3~15	15~450	低~重大
24	金属结构类	阀组	蝶阀、闸阀、进、排气阀、真空破坏阀、调流阀等	杂物、密封关闭不严、功能失效	爆管、水淹厂房、设备受损、人身伤害	LS法	5~30	—	3~15	15~450	低~重大
25		启闭机械			按水利部（办监督函〔2019〕1486号）执行						
26	设备设施类	机组及附属设备	电动机	电机部件制造缺陷或安装缺陷，冷却系统故障，传感器故障，绝缘受潮、老化、损坏	设备损坏，机组无法正常运行	LS法	5~30	—	3~15	15~450	低~重大
27			主水泵	检修安装不正确，冷却系统故障，叶片调节装置故障，机械密封故障等	机组损坏，机组无法正常运行，污染水体	LS法	5~30	—	3~15	15~450	低~重大
28			减速器	超负荷、过热、异常运转	影响运行，设备损坏	LS法	5~30	—	3~15	15~450	低~重大

续表

序号	类别	项目	一般危险源	事故诱因	可能导致的后果	风险评价方法	L值范围	E值范围	S值或C值范围	R值或D值范围	风险等级范围
29	设备设施类	电气设备	电动机变频、旁路装置	变频装置或旁路故障	影响设备运行	LS法	5~30	—	3~15	15~450	低~重大
30			变压器	油品质不符合要求、裸露带电导体与周边的安全净距不满足要求,保护及冷却装置故障,套管或支撑绝缘子损坏	设备损坏、爆炸,触电	LS法	5~30	—	3~15	15~450	低~重大
31			气体绝缘全封闭组合电器(GIS)	在线监测系统故障,气密性损坏	设备爆炸、中毒窒息	LS法	5~30	—	3~15	15~450	低~重大
32			高压、低压开关配电设备	设备故障	影响设备运行	LS法	5~30	—	3~15	15~450	低~重大
33			高压电容器	渗漏油、外壳膨胀	爆炸、人身伤害	LS法	5~30	—	3~15	15~450	低~重大
34			母线、电缆及输电线路	接地故障、绝缘老化、线路断路、短路、雷击等	短路故障,全站失电	LS法	5~30	—	3~15	15~450	低~重大
35			互感器	互感器性能参数不满足要求、回路故障、电流互感器二次故障、电压互感器二次短路	意外停机	LS法	5~30	—	3~15	15~450	低~重大

附录C （资料性）风险辨识评价方法

续表

序号	类别	项目	一般危险源	事故诱因	可能导致的后果	风险评价方法	L值范围	E值范围	S值或C值范围	R值或D值范围	风险等级范围
36	设备设施类	电气设备	直流系统	蓄电池、整流装置、开关、小母线故障或损坏	影响设备运行	LS法	5～30	—	3～15	15～450	低～重大
37			励磁系统	励磁系统故障	不能同期或解列	LS法	5～30	—	3～15	15～450	低～重大
38			备用电源（柴油发电机）	线路故障、蓄电池故障、空气进入系统等	不能及时供电，影响泵站运行	LS法	5～10	—	3～15	15～150	低～一般
39			仪表、测量控制及保护装置	设备故障、保护定值不合理、保护动作不灵敏	影响设备运行	LS法	5～30	—	3～15	15～450	低～重大
40			接地装置	接地装置锈蚀、连接不良、有损伤、折断	触电	LS法	5～30	—	3～15	15～450	低～重大
41			综合自动化系统	硬件故障、使用不当	机组无法正常运行	LS法	5～10	—	3～15	15～150	低～一般
42		辅助设备	油系统	油品质量不达标、油压异常、过滤器堵塞、油管堵塞、安全阀等阀门故障	机组异常温升，机组停运	LS法	5～30	—	3～15	15～450	低～重大

77

续表

序号	类别	项目	一般危险源	事故诱因	可能导致的后果	风险评价方法	L值范围	E值范围	S值或C值范围	R值或D值范围	风险等级范围
43	设备设施类	辅助设备	技术供水系统	水泵故障，管路堵塞，控制电源门故障，阀门故障回路故障，冷却装置故障及过滤器系统故障等	机组停运	LS法	5~30	—	3~15	15~450	低~重大
44			排水系统	排水泵、排污泵淤堵失效，控制系统故障	站内积水，设备损害	LS法	5~30	—	3~15	15~450	低~重大
45			真空系统	真空泵故障，闸阀不严密，管道漏气	机组无法运行	LS法	5~30	—	3~15	15~450	低~重大
46			气系统	储气罐压力异常，安全阀故障	机组无法正常开、停机	LS法	5~30	—	3~15	15~450	低~重大
47		特种设备	电梯	未及时维修保养、未定期检测	人身伤害	LEC法	0.5~3	2~6	3~15	3~270	低~较大
48			压力容器	未及时维修保养、未定期检测	容器爆炸、人身伤害	LS法	5~30	—	3~15	15~450	低~重大
49			专用机动车辆	未及时维修保养、未定期检测	人身伤害	LEC法	0.5~3	2~6	3~15	3~270	低~较大
50		管理设施	视频监控系统	功能失效	不能及时发现工程隐患或险情	LS法	5~30	—	3~15	15~450	低~重大
51			拦船索	设施损坏	船舶撞毁构筑物	LS法	5~10	—	3~15	15~150	低~一般

附录C （资料性）风险辨识评价方法

续表

序号	类别	项目	一般危险源	事故诱因	可能导致的后果	风险评价方法	L值范围	E值范围	S值或C值范围	R值或D值范围	风险等级范围
52	设备设施类	管理设施	观测设施	设施损坏	影响工程调度运行	LS法	5～30	—	3～15	15～450	低～重大
53			振动、摆度、温度等电气设备及水泵安全监测系统	功能失效	影响工程调度运行、防汛抢险	LS法	5～30	—	3～15	15～450	低～重大
54			变形、渗流、应力应变、温度、地震等安全监测系统	功能失效	不能及时发现工程隐患或险情	LS法	5～30	—	3～15	15～450	低～重大
55			通信及预警设施	设施损坏	影响工程调度运行	LS法	5～30	—	3～15	15～450	低～重大
56			闸门远程控制系统	功能失效	影响闸门启闭、工程调度运行	LS法	5～30	—	3～15	15～450	低～重大
57			网络设施	设施损坏	影响闸门启闭、工程调度运行、安全监测数据传输	LS法	5～30	—	3～15	15～450	低～重大
58			防汛抢险照明设施	设施损坏	影响夜间防汛抢险	LS法	5～10	—	3～15	15～150	低～一般
59			消防设施	设施损坏、过期或功能失效	不能及时预警，不能正常发挥灭火功能	LS法	5～30	—	3～15	15～450	低～重大
60			防雷保护系统	功能失效	电气系统损坏，影响工程运行安全	LS法	5～30	—	3～15	15～450	低～重大

续表

序号	类别	项目	一般危险源	事故诱因	可能导致的后果	风险评价方法	L值范围	E值范围	S值或C值范围	R值或D值范围	风险等级范围
61	作业活动类	作业活动	机械作业	违章指挥、违章操作、违反劳动纪律、未正确使用防护用品	机械伤害	LEC法	0.5~3	2~6	3~7	3~126	低~一般
62			起重、搬运作业		起重伤害、物体打击	LEC法	0.5~3	2~6	3~7	3~126	低~一般
63			电焊作业		灼烫、触电、火灾	LEC法	0.5~3	2~6	3~7	3~126	低~一般
64			水上观测与检查作业		淹溺	LEC法	0.5~3	2~6	3~7	3~126	低~一般
65			动火作业		触电、失火	LEC法	0.5~3	2~6	3~15	3~270	低~较大
66			断路作业		交通事故、人员伤害	LEC法	0.5~3	2~6	3~15	3~270	低~较大
67			危化作业		中毒、水体污染	LEC法	0.5~3	2~6	3~15	3~270	低~较大
68			破土作业		管线破坏、坍塌	LEC法	0.5~3	2~6	3~15	3~270	低~较大
69			盲板封堵		淹溺	LEC法	0.5~3	2~6	3~15	3~270	低~较大
70			高压电气设备巡视、检修作业	防护距离不够、违章操作	触电	LEC法	0.5~3	2~6	3~15	3~270	低~较大

附录 C（资料性）风险辨识评价方法

续表

序号	类别	项目	一般危险源	事故诱因	可能导致的后果	风险评价方法	L值范围	E值范围	S值或C值范围	R值或D值范围	风险等级范围
71	作业活动类	检修	水泵、风机检修作业	违章指挥、违章操作、违反劳动纪律、未正确使用防护用品、无证上岗	触电、机械伤害	LEC法	0.5~3	2~6	3~15	3~270	低~较大
72			管道、压力容器检修作业		中毒、窒息	LEC法	0.5~3	2~6	3~15	3~270	低~较大
73			油库、油箱、油管道的运行和检修作业	油遇到火源	火灾、触电	LEC法	0.5~3	2~6	3~15	3~270	低~较大
74			电机、变压器（电气设备、机械设备）油类作业（含油取样及分析）	油处理不规范	变压器、电机（电气设备、机械设备）损坏	LEC法	0.5~3	2~6	3~15	3~270	低~较大
75			现场设备检查维护作业	安全措施不完善	火灾、爆炸	LEC法	0.5~3	2~6	3~15	3~270	低~较大
76				违章作业	火灾、爆炸	LEC法	0.5~3	2~6	3~15	3~270	低~较大
77				作业违反操作规程	触电、机械伤害	LEC法	0.5~3	2~6	3~15	3~270	低~较大
78			管道水压试验	超压爆裂	人身伤害	LEC法	0.5~6	1~6	3~15	1.5~540	低~重大
79		试验检验	验电	验电顺序不合规	触电	LEC法	0.5~6	1~6	3~15	1.5~540	低~重大
80			高电压试验	漏电	触电	LEC法	0.5~6	1~6	3~15	1.5~540	低~重大
81	管理类	管理体系	机构组成与人员配备	机构不健全	影响工程运行管理	LS法	5~30	—	3~15	15~450	低~重大
82			安全管理规章制度与操作规程制定	制度不健全	影响工程运行管理	LS法	5~30	—	3~15	15~450	低~重大

81

续表

序号	类别	项目	一般危险源	事故诱因	可能导致的后果	风险评价方法	L值范围	E值范围	S值或C值范围	R值或D值范围	风险等级范围
83	管理类	管理体系	防汛抢险物料准备	物料准备不足	影响工程防汛抢险	LS法	5~10	—	3~15	15~150	低～一般
84			维修养护物资准备	物资准备不足	影响工程运行安全	LS法	5~10	—	3~15	15~150	低～一般
85			人员基本支出和工程维修养护经费落实	经费未落实	影响工程运行管理	LS法	5~30	—	3~15	15~450	低～重大
86			管理、作业人员教育培训	培训不到位	影响工程运行安全、人员作业安全	LS法	5~30	—	3~15	15~450	低～重大
87			观测与监测	未按规定开展	影响工程运行安全	LS法	5~30	—	3~15	15~450	低～重大
88			安全检查制度执行	未按规定开展或检查不到位	设备设施严重损（破）坏	LS法	5~10	—	3~15	15~150	低～一般
89			外部人员的活动	活动未经许可	影响工程运行安全	LS法	5~30	—	3~15	15~450	低～重大
90		运行管理	管理和保护范围划定	范围不明确	影响工程防汛抢险	LS法	5~10	—	3~15	15~150	低～一般
91			应急预案编制、报批、演练	未编制、报批或演练	不能及时消除工程隐患	LS法	5~10	—	3~15	15~150	低～一般
92			维修养护计划制定	未制定	故障、设备损坏、人员伤害	LS法	5~30	—	3~15	15~450	低～重大
93			采用新技术、新材料、新设备、新工艺	缺少相关标准和经验		LS法	5~30	—	3~15	15~450	低～重大
94			警示、警告标识设置	缺失	影响工程安全运行、人员安全	LS法	5~30	—	3~15	15~450	低～重大

附录C（资料性）风险辨识评价方法

续表

序号	类别	项目	一般危险源	事故诱因	可能导致的后果	风险评价方法	L值范围	E值范围	S值或C值范围	R值或D值范围	风险等级范围
95		工作环境	疏散逃生通道	通道堵塞	发生火灾时人员无法及时撤离	LS法	5~30	—	3~15	15~450	低~重大
96			消防通道	消防通道不满足要求	发生火灾时不能及时扑灭	LS法	5~30	—	3~15	15~450	低~重大
97			油浸式变压器贮油池卵石层	贮油池内鹅卵石间缝隙被杂物堵塞或鹅卵石尺寸或厚度不满足要求，喷出的绝缘油不能快速下渗	火灾发生后可能持续燃烧	LS法	5~10	—	3~15	15~150	低~一般
98	环境类		斜坡、步梯、通道、作业场地	结冰或湿滑	高处坠落、扭伤、摔伤	LEC法	0.5~3	2~6	3~7	3~126	低~一般
99			孔洞、临边、临水部位	防护栏杆缺失，井、坑、洞或沟道没有覆盖板或地面齐平盖板或照明不足	高处坠落、淹溺	LEC法	0.5~3	2~6	3~7	3~126	低~一般
100		自然环境	管理和保护范围内山体（土体）存在潜在滑坡、落石区域	大风、暴雨、洪水等	坍塌、物体打击	LEC法	0.5~3	0.5~3	3~15	0.75~135	低~重大
101			结构受侵蚀介质作用	侵蚀性介质接触	浪涌破坏	LS法	5~10	—	3~15	15~150	低~一般
102			水生生物	吸附在闸门、门槽上	建筑物结构损坏	LS法	5~30	—	3~15	15~450	低~重大
103			水面漂浮物、垃圾	在门槽附近堆积	影响闸门启闭	LS法	5~30	—	3~15	15~450	低~重大
104			杨柳絮、老鼠、蛇等	未采取措施防止动物、杨柳絮进入	影响闸门启闭	LS法	5~30	—	3~15	15~450	低~重大
105			有毒有害气体、废弃物	溢出、处理不当	短路、设备损坏	LS法	5~30	—	3~15	15~450	低~重大
106					中毒、人员伤亡、污染水体	LS法	0.5~3	2~6	3~7	3~126	低~一般

83

(5) 所涉及的设施、部位、场所、区域可根据以下要素要求编制安全检查表：

1) 确定编制人员，包括熟悉系统的行业安全专家、专业人员、管理人员和实际的操作人员等各方面人员。

2) 熟悉系统，包括系统的作业现场内外、气象水文地质，建筑设计、功能、结构，设备、工艺、管理状况、运行环境等。

3) 收集资料，收集有关安全法律、法规、标准、制度及本系统过去发生的事故事件资料，作为编制安全检查表的依据。

4) 编制表格，确定检查项目、检查标准、不符合标准的情况及后果、安全控制措施等要素。

(6) 安全检查表分析评价要求如下：

1) 列出设备设施清单、作业活动清单和场所区域清单，见附录B。

2) 依据所列清单，按功能或结构、活动、区域等划分为若干危险源，对照安全检查表逐个分析潜在的危害。

3) 对每个危险源，按照表C.4-1（摘录自《水利工程运行管理单位安全生产风险分级管控体系细则》）进行全过程的系统分析和记录。

表 C.4-1　　　　安全检查表分析（SCL）+评价记录

单位（风险点）：　　　岗位：　　　设备设施：　　　序号：

序号	检查项目	标准	不符合标准情况及后果	现有控制措施				风险评价			风险分级	管控层级	建议改进（新增）措施	备注
				工程技术措施	管理措施	培训教育措施	个体防护措施	应急处置措施	L 可能性	S 严重性	R 风险度			

分析人：　　　日期：　　　审核人：　　　日期：　　　审定人：　　　日期：

填表说明：

1. 分析人为岗位人员，审核人为所在岗位/工序负责人，审定人为上级负责人。
2. 评价级别是指运用风险评价方法确定的风险等级。
3. 风险分级是指一级风险、二级风险、三级风险和四级风险，分别用"红、橙、黄、蓝"标识。
4. 风险管控层级分为单位、部门、班组、岗位等。

(7) 检查表分析应综合考虑设备设施内外部和工艺危害。识别顺序如下：

1) 场地、地形、地貌、地质、周围环境、周边安全距离方面的危害。

2) 作业现场平面布局、功能分区、设备设施布置、内部安全距离等方面的危害。

3) 具体的建筑物、建构筑物、管线敷设等。

4) 水文、气象条件。

C.5 预先危险性分析法（PHA法）

C.5.1 对于水利工程项目建设、维修、运行的初期阶段，特别是在设计、施工的开始之前，宜采用预先危险性分析法（PHA法）对系统存在的各种危险源（类别、分布）、出现的条件和事故可能造成的后果进行宏观的、概略的风险分析。

C.5.2 预先危险性分析要求如下：

（1）宜在进行某项工程活动（包括设计、施工、生产、维修等）之前，对系统存在的各种危险因素（类别、分布）出现的条件和事故可能造成的后果进行宏观、概率风险的系统安全分析，其目的是早期发现系统的潜在危险因素，确定系统的危险性等级，提出相应的防范措施，防止危险因素发展成为事故，避免考虑不周造成的损失。

（2）具体步骤如下：

1) 对系统的生产目的、工艺过程以及操作条件和周围环境进行充分的调查了解。

2) 收集以往的经验和同类生产中发生过的事故情况，分析危险、有害因素和触发事件。

3) 推测可能导致的事故类型和危险或危害程度。

4) 确定危险、有害因素后果的危险等级。

5) 制定相应安全措施。

（3）危险性等级划分：按危险、有害因素导致的事故的危险（危害）程度，将危险、有害因素划分为四个风险等级，见表C.5-1（摘录自《水利工程运行管理单位安全生产风险分级管控体系细则》）。

表C.5-1　　　　　　风险性等级划分

风险级别	风险颜色	危险程度	可能导致的后果
一级	红	重大危险	会造成灾难性事故，必须立即排除
二级	橙	较大危险	会造成人员伤亡和系统损坏，要立即采取措施
三级	黄	一般危险	处于事故边缘状态，暂时尚不能造成人员伤亡和财产损失，应予排除或采取控制措施
四级	蓝	低危险	可以忽略

C.6 工作危害分析法（JHA法）

C.6.1 生产过程中的危险源辨识宜采用工作危害分析法。即针对每个作业活动中的每个作业步骤或作业内容，识别出与此步骤或内容有关的危险源，建立工作危害分析评价记录。

C.6.2 工作危害分析法（JHA法）要求如下：

（1）通过对工作过程的逐步分析，找出具有危险的工作步骤进行控制和预防，是辨识危害因素及其风险的方法之一。适合于对作业活动中存在的风险进行分析。

（2）工作危害分析（JHA法）评价步骤如下：

1）采取按区域划分、按作业任务划分的方法将每项活动分解为若干个相连的工作步骤、或几种方法的有机结合。划分出的作业活动在功能或性质上应相对独立，填写作业活动清单。

2）根据 GB/T 13861 的规定，辨识每一步骤的危险源及潜在事件。

3）根据 GB 6441 的规定，分析造成的后果。

4）识别现有控制措施，从工程技术措施、管理措施、培训教育、个体防护、应急处置等方面评估现有控制措施的有效性。

5）根据风险判定准则评估风险，判定等级。利用式（C.2）计算风险等级。

6）将分析结果填入表 C.6-1（摘录自《水利工程运行管理单位安全生产风险分级管控体系细则》）。

表 C.6-1　　　　　工作危害分析（JHA法）十评价记录

单位或风险点：　　　　岗位：　　　作业活动：　　　　　　序号：

序号	作业步骤	危险源或潜在事件（人、物、作业环境、管理）	可能发生的事故类型及后果	现有控制措施					风险评价			风险分级	管控层级	建议改进（新增）措施	备注
				工程技术	管理措施	培训教育	个体防护	应急处置	L 可能性	S 严重性	R 风险度				

分析人：　　　　日期：　　　审核人：　　　日期：　　　审定人：　　　日期：

填表说明：
1. 分析人为岗位人员，审核人为所在岗位/工序负责人，审定人为上级负责人。
2. 评价级别是指运用风险评价方法确定的风险等级。
3. 风险分级是指一级风险、二级风险、三级风险和四级风险，分别用"红、橙、黄、蓝"标识。
4. 风险管控层级分为单位、部门、班组、岗位等。

附录 D
（规范性）
水利行业涉及危险化学品安全风险的品种目录

表 D.1-1　　　　水利行业涉及危险化学品安全风险的品种目录

行业类别名称	涉及的典型危险化学品	主要安全风险
水利管理业	水质监测使用硫酸、盐酸、高锰酸钾、碘化汞等	腐蚀、中毒
	水保监测使用氧气、乙炔、氢气气瓶以及三氯甲烷、硫酸、盐酸、高锰酸钾、丙酮、甲苯、醋酸酐等	火灾、爆炸、中毒、腐蚀
	水利水电工程使用汽油、氧气、乙炔等	火灾、爆炸
	水文实验室使用氟化氢、硫酸、盐酸、三氯甲烷、正己烷等试剂，重铬酸钾、氰化钠、叠氮化钠等剧毒化学品	火灾、爆炸、中毒、腐蚀
	水利科研实验室使用乙炔、丙烷、甲醛、苯、硫酸、硝酸、盐酸等	中毒、腐蚀、火灾、爆炸
土木工程建筑业	水利水电工程建设使用硝铵炸药	爆炸

注　水利部办安监函〔2016〕849 号。

附录
(资料
重大风险

表 E.1-1　　　　　　　　　　　　　　　　　　　　　　　××节制闸重大风

风险点：××节制闸　　　　　　　　　　　　　　　危险源：上下游连接段

序号	检查项目		不符合标准发生的事故类型及后果	风险分级	责任单位	管控层级	责任人	工程技术措施
	名称	标准						
1	消力池、海漫、防冲墙、铺盖、护坡、护底	1. 表面无裂缝，混凝土剥落、漏筋等情况。2. 河床及岸坡无冲刷或淤积。3. 排水孔无堵塞、损坏。4. 结构完整，无松动、塌陷、淤积、冲蚀，过闸水流流态正常	沉降、位移、失稳、河道及岸坡冲毁	一级风险	××局	单位	××	
						岗位	××	
						班组	××	
						岗位	××	

88

E （资料性）重大风险管控清单示例

险管控清单

类别：构（建）筑物类　　　　　　　　　　　　　　　　　　　序号：1

应有控制措施				备注
管理措施	培训教育措施	个体防护措施	应急处置措施	
1. 批准工程检查巡查制度和维修养护制度。 2. 组织汛前、汛中、汛后、调水前后、冰冻和融冰期及重大节假日进行综合检查。 3. 组织极端天气、有感地震以及其他影响工程安全的特殊情况时的特别检查	对管理处培训进行监督	监督检查管理处所需个人防护物品的配备情况	1. 批准坍塌事故现场处置方案。 2. 接到管理处上报信息，预判后上报公司。 3. 监督检查管理处救援物资的配备情况	
1. 组织编制工程检查巡查制度和维修养护制度。 2. 开展汛前、汛中、汛后、调水前后、冰冻和融冰期及重大节假日进行综合检查。 3. 开展极端天气、有感地震以及其他影响工程安全的特殊情况时的特别检查。 4. 每月组织一次专项检查	组织开展《山东省水闸工程运行管理规程（试行）》《水闸技术管理规程》《水工钢闸门和启闭机安全运行规程》、工程检查巡查制度和维修养护制度等规范制度规程培训	配备合格的安全帽、防滑鞋等防护用品	1. 组织编制坍塌事故现场处置方案，组织应急演练。 2. 接到应急信息，组织救援，预判后上报管理局。 3. 配备救生圈、救生衣、救生绳等救援物资	
1. 编制工程检查巡查制度和维修养护制度。 2. 临边护栏设置水深危险、禁止翻越等警示标志。 3. 做好养护单位的监管工作。 4. 参加综合检查、特别检查、专项检查	对《山东省水闸工程运行管理规程（试行）》《水闸技术管理规程》《水工钢闸门和启闭机安全运行规程》、工程检查巡查制度和维修养护制度等规范制度规程进行培训	检查安全帽、防滑鞋等防护用品佩戴情况	1. 编制坍塌事故现场处置方案，参与应急演练。 2. 接到应急信息，上报管理处负责人。 3. 检查救生圈、救生衣、救生绳等救援物资是否会正确使用	
1. 执行工程检查巡查制度和维修养护制度。 2. 每周进行2次日常巡查，参加综合检查、特别检查、专项检查。 3. 巡视检查后认真填写检查记录。 4. 检查水深危险、禁止翻越等警示标志是否齐全完好	学习《山东省水闸工程运行管理规程（试行）》《水闸技术管理规程》《水工钢闸门和启闭机安全运行规程》、工程检查巡查制度和维修养护制度等规范制度规程	正确穿戴安全帽、防滑鞋等防护用品	1. 参与坍塌事故应急演练。 2. 发现问题，立即上报。 3. 有人受伤时，立即按照现场处置方案的具体方法和程序进行救护。 4. 正确使用救生圈、救生衣、救生绳等救援物资	

序号	检查项目 名称	检查项目 标准	不符合标准发生的事故类型及后果	风险分级	责任单位	管控层级	责任人	工程技术措施
2	岸、翼墙渗漏、排水、侧向渗流异常	1. 翼墙无分缝错动，止水有效；翼墙排水管无堵塞，排水量及浑浊度无变化；永久缝填充物无老化、脱落、流失。 2. 砌石平整、完好、紧密，无松动、塌陷、脱落、风化、架空等情况，勾缝砂浆无破损、脱落；混凝土无溶蚀、侵蚀、冻害、裂缝、破损、老化、露筋等情况	墙后土体塌陷、位移、失稳	一级风险	××局	单位	××	
						岗位	××	
						班组	××	
						岗位	××	

附录 E （资料性）重大风险管控清单示例

续表

应有控制措施				备注
管理措施	培训教育措施	个体防护措施	应急处置措施	
1. 批准工程检查巡查制度和维修养护制度。 2. 组织汛前、汛中、汛后、调水前后、冰冻和融冰期及重大节假日进行综合检查。 3. 组织极端天气、有感地震以及其他影响工程安全的特殊情况时的特别检查	对管理处培训进行监督	监督检查管理处所需个人防护物品的配备情况	1. 批准坍塌事故现场处置方案。 2. 接到管理处上报信息，预判后上报公司。 3. 监督检查管理处救援物资的配备情况	
1. 组织编制工程检查巡查制度和维修养护制度。 2. 开展汛前、汛中、汛后、调水前后、冰冻和融冰期及重大节假日进行综合检查。 3. 开展极端天气、有感地震以及其他影响工程安全的特殊情况时的特别检查。 4. 每月组织一次专项检查	组织开展《山东省水闸工程运行管理规程（试行）》《水闸技术管理规程》《水工钢闸门和启闭机安全运行规程》、工程检查巡查制度和维修养护制度等规范制度规程培训	配备合格的安全帽、防滑鞋等防护用品	1. 组织编制坍塌事故现场处置方案，组织应急演练。 2. 接到应急信息，组织救援，预判后上报管理局。 3. 配备救生圈、救生衣、救生绳等救援物资	
1. 编制工程检查巡查制度和维修养护制度。 2. 临边护栏设置水深危险、禁止翻越等警示标志。 3. 做好养护单位的监管工作。 4. 参加综合检查、特别检查、专项检查	对《山东省水闸工程运行管理规程（试行）》《水闸技术管理规程》《水工钢闸门和启闭机安全运行规程》、工程检查巡查制度和维修养护制度等规范制度规程进行培训	检查安全帽、防滑鞋等防护用品佩戴情况	1. 编制坍塌事故现场处置方案，参与应急演练。 2. 接到应急信息，上报管理处负责人。 3. 检查救生圈、救生衣、救生绳等救援物资是否会正确使用	
1. 执行工程检查巡查制度和维修养护制度。 2. 每周进行2次日常巡查，参加综合检查、特别检查、专项检查。 3. 巡视检查后认真填写检查记录。 4. 检查水深危险、禁止翻越等警示标志是否齐全完好	学习《山东省水闸工程运行管理规程（试行）》《水闸技术管理规程》《水工钢闸门和启闭机安全运行规程》、工程检查巡查制度和维修养护制度等规范制度规程	正确穿戴安全帽、防滑鞋等防护用品	1. 参与坍塌事故应急演练。 2. 发现问题，立即上报。 3. 有人受伤时，立即按照现场处置方案的具体方法和程序进行救护。 4. 正确使用救生圈、救生衣、救生绳等救援物资	

91

上篇 安全风险分级管控

表 E.1-2　　　　　　　　　　　　　　　　　　　　　　　　××节制闸重大

风险点：××节制闸　　　　　　　　　　　　　　　　　　　危险源：电气设备

序号	检查项目 名称	检查项目 标准	不符合标准发生的事故类型及后果	风险分级	责任单位	管控层级	责任人	工程技术措施
1	闸门启闭控制设备	配电柜柜体接地符合规范要求，接地极的接地电阻不大于4Ω；按钮的颜色及含义符合要求；闸门开度、荷重装置及接触器工作正常，电器闭锁装置动作灵敏可靠	闸门无法启闭或启闭不到位，严重影响行洪泄流安全，增加淹没范围或无法正常蓄水，失稳、位移	一级风险	××局	单位	××	
						岗位	××	
						班组	××	
						岗位	××	

附录 E （资料性）重大风险管控清单示例

风险管控清单

类别：设备设施类　　　　　　　　　　　　　　　　　　序号：2

应 有 控 制 措 施				备注
管理措施	培训教育措施	个体防护措施	应急处置措施	
批准工作许可制度、工作监护制度、巡视检查制度、操作规程等	督促管理处做好安全教育培训	保障安全风险分级管控工作所需人、财、物等资源的投入	1. 组织编制应急预案。 2. 接到管理处上报信息，预判后上报公司	
审核工作许可制度、工作监护制度、巡视检查制度、操作规程等	督促各岗做好安全教育培训	1. 购置补充工作服、安全帽、绝缘手套、绝缘鞋等防护用品。 2. 检查岗位责任人防护用品的佩戴情况	1. 组织编制现场处置方案。 2. 接到应急信息，组织救援，预判后上报管理局	
1. 制定闸门启闭安全操作规程、工程检查巡查制度和维修养护制度。 2. 汛前及调水前对设备进行运行试验。 3. 每年不少于一次开展设备等级评定。 4. 设置设备管理卡	1. 对工作许可制度、工作监护制度、巡视检查制度、操作规程、标准进行培训。 2. 对电气相关知识进行培训	正确穿戴工作服、戴防护手套等防护装备	1. 编制现场处置方案。 2. 接到应急信息，上报管理处负责人	
1. 执行工作许可制度、工作监护制度、巡视检查制度、操作规程等。 2. 宜每天一次巡视检查	参加管理处组织的培训	正确穿戴工作服、戴防护手套等防护装备	1. 立即上报上级主管部门。 2. 配备救生衣、救生圈等应急物资。 3. 有人受伤时，现场人员立即按照应急处置卡的具体方法和程序进行救护	

检查项目			不符合标准发生的事故类型及后果	风险分级	责任单位	管控层级	责任人	工程技术措施
序号	名称	标准						
2	变配电设备	配电柜柜体接地符合规范要求，接地极的接地电阻不大于4Ω；按钮的颜色及含义符合要求；闸门开度、荷重装置及接触器工作正常，电器闭锁装置动作灵敏可靠	闸门无法启闭或启闭不到位，严重影响行洪泄流安全，增加淹没范围或无法正常蓄水，失稳、位移	一级风险	××局	单位	××	
						岗位	××	
						班组	××	
						岗位	××	

附录 E （资料性）重大风险管控清单示例

续表

应有控制措施				备注
管理措施	培训教育措施	个体防护措施	应急处置措施	
批准工作许可制度、工作监护制度、巡视检查制度、操作规程等	督促管理处做好安全教育培训	保障安全风险分级管控工作所需人、财、物等资源的投入	1. 组织编制应急预案。 2. 接到管理处上报信息，预判后上报公司	
审核工作许可制度、工作监护制度、巡视检查制度、操作规程等	督促各岗做好安全教育培训	1. 购置补充工作服、安全帽、绝缘手套、绝缘鞋等防护用品。 2. 检查岗位责任人防护用品的佩戴情况	1. 组织编制现场处置方案。 2. 接到应急信息，组织救援，预判后上报管理局	
1. 制定闸门启闭安全操作规程、工程检查巡查制度和维修养护制度。 2. 汛前及调水前对设备进行运行试验。 3. 每年不少于一次开展设备等级评定。 4. 设置设备管理卡	1. 对工作许可制度，工作监护制度，巡视检查制度，操作规程、标准进行培训。 2. 对电气相关知识进行培训	正确穿戴工作服、戴防护手套等防护装备	1. 编制现场处置方案。 2. 接到应急信息，上报管理处负责人	
1. 执行工作许可制度、工作监护制度、巡视检查制度、操作规程等。 2. 宜每天一次巡视检查	参加管理处组织的培训	正确穿戴工作服、戴防护手套等防护装备	1. 立即上报上级主管部门。 2. 配备救生衣、救生圈等应急物资。 3. 有人受伤时，现场人员立即按照应急处置卡的具体方法和程序进行救护	

95

上篇 安全风险分级管控

表 E.2-1　　　　　　　　　　　　　　　　　　　　　　　　　××渠道工程重大

风险点：××倒虹吸　　　　　　　　　　　　　　　　　　　危险源：倒虹吸管（大型）

检查项目			不符合标准发生的事故类型及后果	风险分级	责任单位	管控层级	责任人	工程技术措施
序号	名称	标准						
1	崔庄、徒骇河、马颊河倒虹吸管	结构无变形、开裂、塌陷沉降、止水失效	渗漏、破坏、中断调水、堵塞	一级风险	××局	单位	××	
						岗位	××	
						班组	××	
						岗位	××	

96

附录 E （资料性）重大风险管控清单示例

风险管控清单

类别：构（建）筑物类　　　　　　　　　　　　　　　　　序号：1

应 有 控 制 措 施				备注
管理措施	培训教育措施	个体防护措施	应急处置措施	
1. 批准工程检查巡查制度和维修养护制度。 2. 督促管理处做好巡查工作	对管理处培训进行监督	保障安全风险分级管控工作所需人、财、物等资源的投入	1. 组织编制应急预案。 2. 接到管理处上报信息，预判后上报公司	
1. 审核工程检查巡查制度和维修养护制度。 2. 督促各岗做好巡查工作	组织开展相关培训教育	1. 购置补充安全帽、照明器具、防滑鞋、救生衣、救生绳、有毒有害气体检测设备。 2. 检查岗位责任人防护用品的佩戴情况	1. 组织编制现场处置方案。 2. 接到应急信息，组织救援，预判后上报管理局	
1. 制定工程检查巡查制度和维修养护制度。 2. 开展汛前、汛中、汛后、节假日前后和恶劣天气过后进行专项检查；定期开展水下工程进行检查。 3. 检查警示标志是否完好	对《南水北调东线山东干线泵站工程管理和维修养护标准》、《水工隧洞安全监测技术规范》（SL 764—2018）、工程检查巡查制度、维修养护制度等制度规程进行培训	检查岗位责任人防护用品的佩戴情况	1. 编制现场处置方案。 2. 接到应急信息，上报管理处负责人	
1. 执行工程检查巡查制度和维修养护制度。 2. 每周进行2次日常巡查，参加综合检查、特别检查、专项检查。 3. 巡视检查后认真填写检查记录	参加管理处组织的培训	正确穿戴工作服、安全帽、绝缘手套、绝缘鞋等防护用品	1. 立即上报。 2. 配备救生圈、救生衣、救生绳等救援物资。 3. 有人受伤时，现场人员立即按照应急处置卡的具体方法和程序进行救护	

97

表 E.2-2　　　　　　　　　　　　　　　　　　　　　××渠道工程重

风险点：××园区　　　　　　　　　　　　　　　　　　危险源：运行管理调度

序号	检查项目 名称	检查项目 标准	不符合标准发生的事故类型及后果	风险分级	责任单位	管控层级	责任人	工程技术措施
1	运行管理供水、分洪、排涝调度	1.编制供水方案。2.下达调度指令。3.调度值班	1.供水方案编制不合理、考虑问题不全面。2.调度指令未能及时下达到相关岗位。3.指令下达的不够清晰。4.相关岗位未能按要求执行调度指令。5.值班员未经培训上岗，对供水流程不熟悉。6.值班员未能及时调整水位，造成水位过低或过高。7.遇到突发事件值班员未能合理处置。8.值班过程中脱岗。9.未按规程进行闸门远程启闭。10.调度指令下达错误。11.闸门启闭时间错误	一级风险	××局	单位 / 岗位 / 班组 / 岗位	×× / ×× / ×× / ××	

大风险管控清单

类别：作业活动类   序号：2

应有控制措施					备注
管理措施	培训教育措施	个体防护措施	应急处置措施	
1. 组织编制供水方案。 2. 及时下达准确的调度指令	督促管理处做好安全教育培训	保障安全防护用品费用的投入	1. 组织编制应急预案。 2. 接到管理处上报信息，预判后上报公司	
监督调度指令的执行情况	督促各岗做好安全教育培训	1. 购置补充防护用品。 2. 检查岗位责任人防护用品的佩戴情况	1. 组织编制现场处置方案。 2. 接到应急信息，组织救援，预判后上报管理局	
检查调度有关人员执行调度指令	组织开展运行前安全教育培训工作	正确穿戴劳动防护装备	1. 编制现场处置方案。 2. 接到应急信息，上报管理处负责人	
严格执行上级调令，不脱岗，检查闸门开度及水位情况	参加管理处组织的培训	正确佩戴劳动防护用品	1. 立即上报。 2. 配备橡皮艇、救生圈、救生衣、救生绳等救援物资。 3. 有人受伤时，现场人员立即按照应急处置卡的具体方法和程序进行救护	

表 E.3-1　　　　　　　　　　　　　　　　　　　　　××平原水库工程

风险点：围坝　　　　　　　　　　　　　　　　　　　　　　　　危险源：坝体

序号	检查项目 名称	检查项目 标准	不符合标准发生的事故类型及后果	风险分级	责任单位	管控层级	责任人	工程技术措施
1	围坝迎水坡	护面或护坡无损坏，无裂缝、剥落、滑动、隆起、塌坑、冲刷或植物滋生等现象。近坝水面无冒泡、变浑、漩涡和冬季不冻等异常现象。混凝土护面砌块无翻起、松动、塌陷、垫层流失、架空或风化变质等损坏现象，砌块表面无溶蚀或水流侵蚀现象	事故类型：滑坡、溃坝、淹溺 事故后果：洪涝灾害、财产损失、人身伤害	一级风险	××局	管理局	××	
						管理处	××	
						班组	××	
						岗位	××	

100

附录 E （资料性）重大风险管控清单示例

重大风险管控清单

类别：构（建）筑物类　　　　　　　　　　　　　　　　序号：1

应有控制措施				备注
管理措施	培训教育措施	个体防护措施	应急处置措施	
1. 批准工程检查巡查、维修养护制度。 2. 组织汛前、汛中、汛后、调水前后、冰冻和融冰期及重大节假日进行综合检查。 3. 组织极端天气、有感地震、库水位骤升骤降，以及其他影响大坝安全的特殊情况时的特别检查	对管理处培训进行监督	监督检查管理处所需个人防护物品的配备情况	1. 批准滑坡、管涌现场处置方案。 2. 监督检查水库防汛物资的配备情况	
1. 组织编制工程检查巡查、维修养护制度。 2. 开展汛前、汛中、汛后、调水前后、冰冻和融冰期及重大节假日的综合检查。 3. 开展极端天气、有感地震、库水位骤升骤降，以及其他影响大坝安全的特殊情况时的特别检查	组织开展《土石坝安全监测技术规范》《南水北调东线山东段平原水库工程安全监测规程（修订）》《大屯水库工程安全监测实施细则（修订版）》《南水北调东线山东干线水库工程管理和维修养护标准》等制度规程培训	配备救生衣、防滑鞋及防暑、防寒等防护用品	1. 组织编制滑坡、管涌现场处置方案。 2. 接到应急信息，组织救援，预判后上报管理局。 3. 配备水库防汛物资	
1. 编制工程检查巡查、维修养护制度。 2. 设置"水深危险""禁止入内"等警示标志。 3. 做好养护单位的监管工作。 4. 每周组织1次专项检查。 5. 参加汛前、汛中、汛后、调水前后、冰冻和融冰期及重大节假日进行综合检查。 6. 参加极端天气、有感地震、库水位骤升骤降，以及其他影响大坝安全的特殊情况时的特别检查	进行《土石坝安全监测技术规范》《南水北调东线山东段平原水库工程安全监测规程（修订）》《大屯水库工程安全监测实施细则（修订版）》《南水北调东线山东干线水库工程管理和维修养护标准》等制度规程培训	检查岗位责任人救生衣、防滑鞋用品的佩戴情况	每年开展一次应急演练	
1. 巡视检查：日常巡视检查一般每天1次；参与专项巡视检查、年度检查及特殊检查。 2. 巡视检查后认真填写检查记录。 3. 检查"水深危险""禁止入内"等警示标志是否齐全完好	1. 参加管理处组织的培训。 2. 学习《土石坝安全监测技术规范》《南水北调东线山东段平原水库工程安全监测规程（修订）》《大屯水库工程安全监测实施细则（修订版）》《南水北调东线山东干线水库工程管理和维修养护标准》等制度规程	正确穿戴救生衣、防滑鞋	参加演练	

101

检查项目			不符合标准发生的事故类型及后果	风险分级	责任单位	管控层级	责任人	工程技术措施
序号	名称	标准						
2	围坝背水坡及坝趾	围坝背水坡及坝趾无裂缝、剥落、滑动、隆起、塌坑、雨淋沟、散浸、积雪不均匀融化、冒水、渗水坑或流土、管涌等现象。表面排水系统通畅，无裂缝或损坏，沟内无垃圾、泥沙淤积或长草等情况。草皮护坡植被完好；无兽洞、蚁穴等隐患。滤水坝趾、减压井（或沟）等导渗降压设施无异常或破坏现象。排水反滤设施无堵塞和排水不畅，渗水无骤增骤减和发生浑浊现象	事故类型：滑坡、管涌、溃坝。事故后果：洪涝灾害、财产损失、人身伤害	一级风险	××局	管理局	××	
						管理处	××	
						班组	××	
						岗位	××	

续表

应有控制措施				备注
管理措施	培训教育措施	个体防护措施	应急处置措施	
1. 批准工程检查巡查、维修养护制度。 2. 组织汛前、汛中、汛后、调水前后、冰冻和融冰期及重大节假日进行综合检查。 3. 组织极端天气、有感地震、库水位骤升骤降，以及其他影响大坝安全的特殊情况时的特别检查	对管理处培训进行监督	监督检查管理处所需个人防护物品的配备情况	1. 批准滑坡、管涌现场处置方案。 2. 监督检查水库防汛物资的配备情况	
1. 组织编制工程检查巡查、维修养护制度。 2. 开展汛前、汛中、汛后、调水前后、冰冻和融冰期及重大节假日的综合检查。 3. 开展极端天气、有感地震、库水位骤升骤降，以及其他影响大坝安全的特殊情况时的特别检查	组织开展《土石坝安全监测技术规范》《南水北调东线山东段平原水库工程安全监测规程（修订）》《大屯水库工程安全监测实施细则（修订版）》《南水北调东线山东干线水库工程管理和维修养护标准》等制度规程培训	配备救生衣、防滑鞋及防暑、防寒等防护用品	1. 组织编制滑坡、管涌现场处置方案。 2. 接到应急信息，组织救援，预判后上报管理局。 3. 配备水库防汛物资	
1. 编制工程检查巡查、维修养护制度。 2. 设置"水深危险""禁止入内"等警示标志。 3. 做好养护单位的监管工作。 4. 每周组织1次专项检查。 5. 参加汛前、汛中、汛后、调水前后、冰冻和融冰期及重大节假日进行综合检查。 6. 参加极端天气、有感地震、库水位骤升骤降，以及其他影响大坝安全的特殊情况时的特别检查	进行《土石坝安全监测技术规范》《南水北调东线山东段平原水库工程安全监测规程（修订）》《大屯水库工程安全监测实施细则（修订版）》《南水北调东线山东干线水库工程管理和维修养护标准》等制度规程培训	检查岗位责任人救生衣、防滑鞋用品的佩戴情况	每年开展一次应急演练	
1. 巡视检查：日常巡视检查一般每天1次；参与专项巡视检查、年度检查及特殊检查。 2. 巡视检查后认真填写检查记录。 3. 检查"水深危险""禁止入内"等警示标志是否齐全完好	1. 参加管理处组织的培训。 2. 学习《土石坝安全监测技术规范》《南水北调东线山东段平原水库工程安全监测规程（修订）》《大屯水库工程安全监测实施细则（修订版）》《南水北调东线山东干线水库工程管理和维修养护标准》等制度规程	正确穿戴救生衣、防滑鞋	参加演练	

序号	检查项目 名称	检查项目 标准	不符合标准发生的事故类型及后果	风险分级	责任单位	管控层级	责任人	工程技术措施
3	坝趾近区	无阴湿、渗水、管涌、流土或隆起等现象；排水设施完好	事故类型：滑坡、管涌、溃坝。事故后果：洪涝灾害、财产损失、人身伤害	一级风险	××局	管理局	××	
						管理处	××	
						班组	××	
						岗位	××	

填表人：　　　　　　填表日期：　　年　月　日

管理处批准人：

续表

应有控制措施				备注
管理措施	培训教育措施	个体防护措施	应急处置措施	
1. 批准工程检查巡查、维修养护制度。 2. 组织汛前、汛中、汛后、调水前后、冰冻和融冰期及重大节假日进行综合检查。 3. 组织极端天气、有感地震、库水位骤升骤降，以及其他影响大坝安全的特殊情况时的特别检查	对管理处培训进行监督	监督检查管理处所需个人防护物品的配备情况	1. 批准滑坡、管涌现场处置方案。 2. 监督检查水库防汛物资的配备情况	
1. 组织编制工程检查巡查、维修养护制度。 2. 开展汛前、汛中、汛后、调水前后、冰冻和融冰期及重大节假日的综合检查。 3. 开展极端天气、有感地震、库水位骤升骤降，以及其他影响大坝安全的特殊情况时的特别检查	组织开展《土石坝安全监测技术规范》《南水北调东线山东段平原水库工程安全监测规程（修订）》《大屯水库工程安全监测实施细则（修订版）》《南水北调东线山东干线水库工程管理和维修养护标准》等制度规程培训	配备救生衣、防滑鞋及防暑、防寒等防护用品	1. 组织编制滑坡、管涌现场处置方案。 2. 接到应急信息，组织救援，预判后上报管理局。 3. 配备水库防汛物资	
1. 编制工程检查巡查、维修养护制度。 2. 设置"水深危险""禁止入内"等警示标志。 3. 做好养护单位的监管工作。 4. 每周组织1次专项检查。 5. 参加汛前、汛中、汛后、调水前后、冰冻和融冰期及重大节假日进行综合检查。 6. 参加极端天气、有感地震、库水位骤升骤降，以及其他影响大坝安全的特殊情况时的特别检查	进行《土石坝安全监测技术规范》《南水北调东线山东段平原水库工程安全监测规程（修订）》《大屯水库工程安全监测实施细则（修订版）》《南水北调东线山东干线水库工程管理和维修养护标准》等制度规程培训	检查岗位责任人救生衣、防滑鞋用品的佩戴情况	每年开展一次应急演练	
1. 巡视检查：日常巡视检查一般每天1次；参与专项巡视检查、年度检查及特殊检查。 2. 巡视检查后认真填写检查记录。 3. 检查"水深危险""禁止入内"等警示标志是否齐全完好	1. 参加管理处组织的培训。 2. 学习《土石坝安全监测技术规范》《南水北调东线山东段平原水库工程安全监测规程（修订）》《大屯水库工程安全监测实施细则（修订版）》《南水北调东线山东干线水库工程管理和维修养护标准》等制度规程	正确穿戴救生衣、防滑鞋	参加演练	

审核人：　　　　　　　　　　　　　　　　　　　　　审核日期：　　年　月　日
管理局批准人：

表 E.4-1　　　　　　　　　　　　　　　　　　　　　　　　××平原水库工程

风险点：××供水洞　　　　　　　　　　　　　　　　　　　危险源：闸门（泄水）

序号	检查项目 名称	检查项目 标准	不符合标准发生的事故类型及后果	风险分级	责任单位	管控层级	责任人	工程技术措施
1	××供水洞工作闸门	闸门无变形、裂缝、脱焊、锈蚀或损坏现象；门槽无卡堵、气蚀等情况；启闭灵活；止水设施完好；吊点结构牢固；栏杆、螺杆等无锈蚀、裂缝、弯曲等现象	事故类型：设备停运、设备损坏。事故后果：洪涝灾害、财产损失、非计划停水	一级风险	××局	管理局	××	
						管理处	××	
						班组	××	
						岗位	××	检查防护罩、围栏、警戒线是否完好，钢丝绳是否需保养

填表人：　　　　　　填表日期：　　年　月　日

管理处批准人：

附录 E （资料性）重大风险管控清单示例

重大风险管控清单

类别：金属结构类　　　　　　　　　　　　　　　　　　　　序号：2

应 有 控 制 措 施				备注
管理措施	培训教育措施	个体防护措施	应急处置措施	
1. 批准闸门启闭安全操作规程、工程检查巡查制度和维修养护制度。 2. 组织汛前、汛中、汛后、调水前后、冰冻和融冰期及重大节假日进行综合检查。 3. 组织极端天气、有感地震以及其他影响工程安全的特殊情况时的特别检查	对管理处培训进行监督	监督检查管理处所需个人防护物品的配备情况	1. 批准机械伤害现场处置方案。 2. 接到管理处上报信息，预判后上报公司。 3. 监督检查管理处救援物资的配备情况	
1. 组织编制闸门启闭安全操作规程、工程检查巡查制度和维修养护制度。 2. 开展汛前、汛中、汛后、调水前后、冰冻和融冰期及重大节假日的综合检查。 3. 开展极端天气、有感地震以及其他影响工程安全的特殊情况时的特别检查。 4. 每月组织一次专项检查	组织开展《水工钢闸门和启闭机安全运行规程》《水闸技术管理规程》、闸门启闭安全操作规程、工程检查巡查制度、维修养护制度等制度规程培训	配备合格的工作服、戴防护手套等防护装备	1. 组织编制机械伤害现场处置方案，组织应急演练。 2. 接到应急信息，组织救援，预判后上报管理局。 3. 配备救生圈、救生衣、救生绳等救援物资	
1. 编制闸门启闭安全操作规程、工程检查巡查制度和维修养护制度。 2. 做好养护单位的监管工作。 3. 参加综合检查、特别检查、专项检查。 4. 组织汛前及调水前对设备进行运行试验	对《水工钢闸门和启闭机安全运行规程》《水闸技术管理规程》、闸门启闭安全操作规程、工程检查巡查制度、维修养护制度等制度规程进行培训	检查工作服、戴防护手套等防护装备穿戴情况	1. 编制机械伤害现场处置方案，参与应急演练。 2. 接到应急信息，上报管理处负责人。 3. 安排维修养护单位维修调试。 4. 检查救生圈、救生衣、救生绳等救援物资是否会正确使用	
1. 执行闸门启闭安全操作规程、工程检查巡查制度和维修养护制度。 2. 每周进行 2 次日常巡查，参加综合检查、特别检查、专项检查。 3. 巡视检查后认真填写检查记录。 4. 汛前及调水前对设备进行运行试验。 5. 检查"当心机械伤害"等警示标志是否齐全完好	学习《水工钢闸门和启闭机安全运行规程》《水闸技术管理规程》、闸门启闭安全操作规程、工程检查巡查制度、维修养护制度等制度规程	正确穿戴工作服、戴防护手套等防护装备	1. 参与机械伤害应急演练。 2. 发现问题，立即上报。 3. 有人受伤时，立即按照现场处置方案的具体方法和程序进行救护。 4. 正确使用救生圈、救生衣、救生绳等救援物资	

审核人：　　　　　　　　　　　　　　　　　　　审核日期：　　年　月　日
管理局批准人：

107

表 E.5-1　　　　　　　　　　　　　　　　　　　　　　　　××泵站工程重大

风险点：××泵站　　　　　　　　　　　　　　　　　　　　　　危险源：穿堤涵洞

序号	检查项目 名称	检查项目 标准	不符合标准发生的事故类型及后果	风险分级	责任单位	管控层级	责任人	工程技术措施
1	穿堤涵洞	洞（管）身无裂缝、空蚀、坍塌、鼓起、渗水、混凝土碳化等；伸缩缝、沉陷缝、排水孔等正常；放水时洞内声音正常	事故类型：坍塌、溃坝。事故后果：人身伤害、洪涝灾害、财产损失、非计划停水	一级风险	××局	管理局	××	牵头解决工程技术难题
						管理处	××	配合解决工程技术难题
						班组	××	配合解决工程技术难题
						岗位	××	配合解决工程技术难题

填表人：　　　　　　　填表日期：　　年　月　日

管理处批准人：

附录 E （资料性）重大风险管控清单示例

风险管控清单

类别：构（建）筑物类　　　　　　　　　　　　　　　　　　　序号：1

应 有 控 制 措 施				备注
管理措施	培训教育措施	个体防护措施	应急处置措施	
1. 批准工程检查巡查制度和维修养护制度。 2. 督促管理处做好巡查工作	对管理处培训进行监督	保障安全风险分级管控工作所需人、财、物等资源的投入	1. 组织编制应急预案。 2. 接到管理处上报信息，预判后上报公司	
1. 审核工程检查巡查制度和维修养护制度。 2. 督促各岗做好巡查工作	组织开展相关培训教育	1. 购置补充安全帽、照明器具、防滑鞋、救生衣、救生绳、有毒有害气体检测设备。 2. 检查岗位责任人防护用品的佩戴情况	1. 组织编制现场处置方案。 2. 接到应急信息，组织救援，预判后上报管理局	
1. 制定工程检查巡查制度和维修养护制度。 2. 开展汛前、汛中、汛后、节假日前后和恶劣天气过后进行专项检查；定期开展水下工程进行检查。 3. 检查"警示标志"是否完好	对《南水北调东线山东干线泵站工程管理和维修养护标准》、《水工隧洞安全监测技术规范》（SL 764—2018）、工程检查巡查制度、维修养护制度等制度规程进行培训	检查岗位责任人防护用品的佩戴情况	1. 编制现场处置方案。 2. 接到应急信息，上报管理处负责人	
1. 巡视检查：①日常巡查：运行期每月不宜少于1次；洞内放空时应进行洞内项目检查；②年度巡查：运行期第一年的年度巡视检查不应少于2次，以后可为每年1次；③特殊巡查：发生危及隧洞安全运行的特殊情况时，应进行特殊巡视检查。 2. 巡视检查后认真填写检查记录。 3. 发现事故隐患及时报告。 4. 临边护栏设置"水深危险""禁止翻越"等警示标志	参加管理处组织的培训	正确穿戴工作服、安全帽、绝缘手套、绝缘鞋等防护用品	1. 立即上报。 2. 配备救生圈、救生衣、救生绳等救援物资。 3. 有人受伤时，现场人员立即按照应急处置卡的具体方法和程序进行救护	

审核人：　　　　　　　　　　　　　　　　　　　　审核日期：　　年　月　日
管理局批准人：

表 E.6-1　　　　　　　　　　　　　　　　　　　　　　　一般危险源设备设施

风险点：××节制闸　　　　　　　　　　　　　　　　　　危险源：××节制闸土建部分

序号	检查项目 名称	检查项目 标准	不符合标准发生的事故类型及后果	风险分级	责任单位	管控层级	责任人	工程技术措施
1	上游护坡	1. 无雨淋沟、滑坡、裂缝、塌坑；无害堤动物洞穴和活动痕迹；无渗水；排水沟完好顺畅，排水孔正常，渗漏水量无变化。背水坡及堤脚无渗漏、破坏等；河床及岸坡无冲刷或淤积。 2. 砌石护坡平整、完好、紧密，无松动、塌陷、脱落、风化、架空等情况，勾缝砂浆无破损、脱落；混凝土护坡无溶蚀、侵蚀、冻害、裂缝、破损、老化等情况	事故类型：坍塌、淹溺。 事故后果：洪涝灾害、财产损失、人身伤害	四级风险	工程管理岗	岗位	××	
2	上游翼墙	1. 翼墙无分缝错动，止水有效；永久缝填充物无老化、脱落、流失。 2. 砌石平整、完好、紧密，无松动、塌陷、脱落、风化、架空等情况，勾缝砂浆无破损、脱落；混凝土无溶蚀、侵蚀、冻害、裂缝、破损、老化、露筋等情况	事故类型：坍塌、沉陷、渗水、淹溺。 事故后果：洪涝灾害、财产损失、人身伤害	四级风险	工程管理岗	岗位	××	
3	上游防冲槽	无松动、塌陷、淤积、冲刷	事故类型：塌陷、淹溺。 事故后果：财产损失、人身伤害	四级风险	工程管理岗	岗位	××	

附录 E （资料性）重大风险管控清单示例

风险分级管控清单

类别：构（建）筑物类　　　　　　　　　　　　　　序号：1

应 有 控 制 措 施				备注
管理措施	培训教育措施	个体防护措施	应急处置措施	
1. 执行工程检查巡查制度和维修养护制度。 2. 每周进行 2 次日常巡查，参加综合检查、特别检查、专项检查。 3. 巡视检查后认真填写检查记录。 4. 检查"水深危险""禁止翻越"等警示标志是否齐全完好	学习《山东省水闸工程运行管理规程（试行）》《水闸技术管理规程》《水工钢闸门和启闭机安全运行规程》、工程检查巡查制度和维修养护制度等规范制度规程	正确穿戴安全帽、防滑鞋、救生衣等防护用品	1. 参与坍塌、淹溺事故应急演练。 2. 发现问题，立即上报。 3. 有人受伤时，立即按照现场处置方案的具体方法和程序进行救护。 4. 正确使用救生圈、救生衣、救生绳等救援物资	
1. 执行工程检查巡查制度和维修养护制度。 2. 每周进行 2 次日常巡查，参加综合检查、特别检查、专项检查。 3. 巡视检查后认真填写检查记录。 4. 检查"水深危险""禁止翻越"等警示标志是否齐全完好	学习《山东省水闸工程运行管理规程（试行）》《水闸技术管理规程》《水工钢闸门和启闭机安全运行规程》、工程检查巡查制度和维修养护制度等规范制度规程	正确穿戴安全帽、防滑鞋、救生衣等防护用品	1. 参与坍塌、淹溺事故应急演练。 2. 发现问题，立即上报。 3. 有人受伤时，立即按照现场处置方案的具体方法和程序进行救护。 4. 正确使用救生圈、救生衣、救生绳等救援物资	
1. 执行工程检查巡查制度和维修养护制度。 2. 每周进行 2 次日常巡查，参加综合检查、特别检查、专项检查。 3. 巡视检查后认真填写检查记录。 4. 检查"水深危险""禁止翻越"等警示标志是否齐全完好	学习《山东省水闸工程运行管理规程（试行）》《水闸技术管理规程》《水工钢闸门和启闭机安全运行规程》、工程检查巡查制度和维修养护制度等规范制度规程	正确穿戴安全帽、防滑鞋、救生衣等防护用品	1. 参与坍塌、淹溺事故应急演练。 2. 发现问题，立即上报。 3. 有人受伤时，立即按照现场处置方案的具体方法和程序进行救护。 4. 正确使用救生圈、救生衣、救生绳等救援物资	

序号	检查项目 名称	检查项目 标准	不符合标准发生的事故类型及后果	风险分级	责任单位	管控层级	责任人	工程技术措施
4	铺盖	混凝土铺盖应完整；黏土铺盖无沉陷、塌坑、裂缝	事故类型：塌陷、淹溺。事故后果：洪涝灾害、财产损失、人身伤害	四级风险	工程管理岗	岗位	××	
5	底板	1. 无不均匀沉陷。2. 混凝土无裂缝、异常磨损、剥落、漏筋情况。3. 永久缝的开合和止水工作情况正常。4. 无块石、树枝等杂物影响闸门启闭	事故类型：坍塌、淹溺。事故后果：洪涝灾害、财产损失、人身伤害	四级风险	工程管理岗	岗位	××	
6	闸（边）墩	1. 结构无明显变形、无异常位移。2. 混凝土无裂缝、异常磨损、剥落、漏筋情况。3. 闸墩无倾斜、滑动、勾缝砂浆脱落。4. 永久缝的开合和止水工作情况正常	事故类型：坍塌、淹溺。事故后果：洪涝灾害、财产损失、人身伤害	四级风险	工程管理岗	岗位	××	
7	排架	混凝土无裂缝、异常磨损、剥落、漏筋情况	事故类型：坍塌、淹溺。事故后果：洪涝灾害、财产损失、人身伤害	四级风险	工程管理岗	岗位	××	

续表

应有控制措施				备注
管理措施	培训教育措施	个体防护措施	应急处置措施	

1. 执行工程检查巡查制度和维修养护制度。 2. 每周进行2次日常巡查，参加综合检查、特别检查、专项检查。 3. 巡视检查后认真填写检查记录。 4. 检查"水深危险""禁止翻越"等警示标志是否齐全完好	学习《山东省水闸工程运行管理规程（试行）》《水闸技术管理规程》《水工钢闸门和启闭机安全运行规程》、工程检查巡查制度和维修养护制度等规范制度规程	正确穿戴安全帽、防滑鞋、救生衣等防护用品	1. 参与坍塌、淹溺事故应急演练。 2. 发现问题，立即上报。 3. 有人受伤时，立即按照现场处置方案的具体方法和程序进行救护。 4. 正确使用救生圈、救生衣、救生绳等救援物资	
1. 执行工程检查巡查制度和维修养护制度。 2. 每周进行2次日常巡查，参加综合检查、特别检查、专项检查。 3. 巡视检查后认真填写检查记录。 4. 检查"水深危险""禁止翻越"等警示标志是否齐全完好	学习《山东省水闸工程运行管理规程（试行）》《水闸技术管理规程》《水工钢闸门和启闭机安全运行规程》、工程检查巡查制度和维修养护制度等规范制度规程	正确穿戴安全帽、防滑鞋、救生衣等防护用品	1. 参与坍塌、淹溺事故应急演练。 2. 发现问题，立即上报。 3. 有人受伤时，立即按照现场处置方案的具体方法和程序进行救护。 4. 正确使用救生圈、救生衣、救生绳等救援物资	
1. 执行工程检查巡查制度和维修养护制度。 2. 每周进行2次日常巡查，参加综合检查、特别检查、专项检查。 3. 巡视检查后认真填写检查记录。 4. 检查"水深危险""禁止翻越"等警示标志是否齐全完好	学习《山东省水闸工程运行管理规程（试行）》《水闸技术管理规程》《水工钢闸门和启闭机安全运行规程》、工程检查巡查制度和维修养护制度等规范制度规程	正确穿戴安全帽、防滑鞋、救生衣等防护用品	1. 参与坍塌、淹溺事故应急演练。 2. 发现问题，立即上报。 3. 有人受伤时，立即按照现场处置方案的具体方法和程序进行救护。 4. 正确使用救生圈、救生衣、救生绳等救援物资	
1. 执行工程检查巡查制度和维修养护制度。 2. 每周进行2次日常巡查，参加综合检查、特别检查、专项检查。 3. 巡视检查后认真填写检查记录。 4. 检查"水深危险""禁止翻越"等警示标志是否齐全完好	学习《山东省水闸工程运行管理规程（试行）》《水闸技术管理规程》《水工钢闸门和启闭机安全运行规程》、工程检查巡查制度和维修养护制度等规范制度规程	正确穿戴安全帽、防滑鞋、救生衣等防护用品	1. 参与坍塌、淹溺事故应急演练。 2. 发现问题，立即上报。 3. 有人受伤时，立即按照现场处置方案的具体方法和程序进行救护。 4. 正确使用救生圈、救生衣、救生绳等救援物资	

序号	检查项目 名称	检查项目 标准	不符合标准发生的事故类型及后果	风险分级	责任单位	管控层级	责任人	工程技术措施
8	交通桥	1. 桥体无变形、裂缝、破损等。 2. 桥面无磨耗、损伤、劣化、腐蚀、断裂、变形	事故类型：高处坠落、淹溺。 事故后果：财产损失、人身伤害	四级风险	工程管理岗	岗位	××	
9	护坦（消力池）	1. 表面无裂缝，混凝土剥落、漏筋等情况。 2. 河床及岸坡无冲刷或淤积。 3. 过闸水流流态正常	事故类型：设备损坏。 事故后果：财产损失	四级风险				
10	海漫	结构完整，无松动、塌陷、淤积、冲蚀，过闸水流流态正常	事故类型：坍塌、淹溺。 事故后果：洪涝灾害、财产损失、人身伤害	四级风险	工程管理岗	岗位	××	
11	下游防冲槽	结构完整，无松动、塌陷、淤积、冲蚀，过闸水流流态正常	事故类型：坍塌、淹溺。 事故后果：洪涝灾害、财产损失、人身伤害	四级风险	工程管理岗	岗位	××	

附录 E （资料性）重大风险管控清单示例

续表

应有控制措施				备注
管理措施	培训教育措施	个体防护措施	应急处置措施	
1. 执行工程检查巡查制度和维修养护制度。 2. 每周进行 2 次日常巡查，参加综合检查、特别检查、专项检查。 3. 巡视检查后认真填写检查记录。 4. 检查"水深危险""禁止翻越"等警示标志是否齐全完好	学习《山东省水闸工程运行管理规程（试行）》《水闸技术管理规程》《水工钢闸门和启闭机安全运行规程》、工程检查巡查制度和维修养护制度等规范制度规程	正确穿戴安全帽、防滑鞋、救生衣等防护用品	1. 参与高处坠落、淹溺事故应急演练。 2. 发现问题，立即上报。 3. 有人受伤时，立即按照现场处置方案的具体方法和程序进行救护。 4. 正确使用救生圈、救生衣、救生绳等救援物资	
1. 执行工程检查巡查制度和维修养护制度。 2. 每周进行 2 次日常巡查，参加综合检查、特别检查、专项检查。 3. 巡视检查后认真填写检查记录。 4. 检查"水深危险""禁止翻越"等警示标志是否齐全完好	学习《山东省水闸工程运行管理规程（试行）》《水闸技术管理规程》《水工钢闸门和启闭机安全运行规程》、工程检查巡查制度和维修养护制度等规范制度规程	正确穿戴安全帽、防滑鞋、救生衣等防护用品	1. 参与高处坠落、淹溺事故应急演练。 2. 发现问题，立即上报。 3. 有人受伤时，立即按照现场处置方案的具体方法和程序进行救护。 4. 正确使用救生圈、救生衣、救生绳等救援物资	
1. 执行工程检查巡查制度和维修养护制度。 2. 每周进行 2 次日常巡查，参加综合检查、特别检查、专项检查。 3. 巡视检查后认真填写检查记录。 4. 检查"水深危险""禁止翻越"等警示标志是否齐全完好	学习《山东省水闸工程运行管理规程（试行）》《水闸技术管理规程》《水工钢闸门和启闭机安全运行规程》、工程检查巡查制度和维修养护制度等规范制度规程	正确穿戴安全帽、防滑鞋、救生衣等防护用品	1. 参与坍塌、淹溺事故应急演练。 2. 发现问题，立即上报。 3. 有人受伤时，立即按照现场处置方案的具体方法和程序进行救护。 4. 正确使用救生圈、救生衣、救生绳等救援物资	
1. 执行工程检查巡查制度和维修养护制度。 2. 每周进行 2 次日常巡查，参加综合检查、特别检查、专项检查。 3. 巡视检查后认真填写检查记录。 4. 检查"水深危险""禁止翻越"等警示标志是否齐全完好	学习《山东省水闸工程运行管理规程（试行）》《水闸技术管理规程》《水工钢闸门和启闭机安全运行规程》、工程检查巡查制度和维修养护制度等规范制度规程	正确穿戴安全帽、防滑鞋、救生衣等防护用品	1. 参与坍塌、淹溺事故应急演练。 2. 发现问题，立即上报。 3. 有人受伤时，立即按照现场处置方案的具体方法和程序进行救护。 4. 正确使用救生圈、救生衣、救生绳等救援物资	

序号	检查项目 名称	检查项目 标准	不符合标准发生的事故类型及后果	风险分级	责任单位	管控层级	责任人	工程技术措施
12	下游翼墙	1. 翼墙无分缝错动，止水有效；永久缝填充物无老化、脱落、流失。 2. 砌石平整、完好、紧密，无松动、塌陷、脱落、风化、架空等情况，勾缝砂浆无破损、脱落；混凝土无溶蚀、侵蚀、冻害、裂缝、破损、老化、露筋等情况	事故类型：坍塌、沉陷、渗水、淹溺。 事故后果：洪涝灾害、财产损失、人身伤害	四级风险	工程管理岗	岗位	××	
13	下游护坡	1. 无雨淋沟、滑坡、裂缝、塌坑；无害堤动物洞穴和活动痕迹；无渗水；排水沟完好顺畅，排水孔正常，渗漏水量无变化。背水坡及堤脚无渗漏、破坏等；河床及岸坡无冲刷或淤积。 2. 砌石护坡平整、完好、紧密，无松动、塌陷、脱落、风化、架空等情况，勾缝砂浆无破损、脱落；混凝土护坡无溶蚀、侵蚀、冻害、裂缝、破损、老化等情况	事故类型：坍塌、淹溺。 事故后果：洪涝灾害、财产损失、人身伤害	四级风险	工程管理岗	岗位	××	
14	启闭机房	1. 外观整洁，结构完整，满足消防要求，无裂缝、漏水、沉陷等缺陷。 2. 梁、板等主要构件及门窗、排水等附件完好。 3. 通风、防潮、防水满足安全运行要求。 4. 避雷针、避雷带应安装位置正确，固定牢靠，针体垂直，防腐良好，焊接固定、焊缝饱满无遗漏，螺栓固定的应备帽等防松零件齐全，且与避雷引下线连接可靠	事故类型：坍塌、设备损坏、设备停运。 事故后果：财产损失、人身伤害	四级风险	工程管理岗	岗位	××	

附录 E （资料性）重大风险管控清单示例

续表

应有控制措施				备注
管理措施	培训教育措施	个体防护措施	应急处置措施	
1. 执行工程检查巡查制度和维修养护制度。 2. 每周进行 2 次日常巡查，参加综合检查、特别检查、专项检查。 3. 巡视检查后认真填写检查记录。 4. 检查"水深危险""禁止翻越"等警示标志是否齐全完好	学习《山东省水闸工程运行管理规程（试行）》《水闸技术管理规程》《水工钢闸门和启闭机安全运行规程》、工程检查巡查制度和维修养护制度等规范制度规程	正确穿戴安全帽、防滑鞋、救生衣等防护用品	1. 参与坍塌、淹溺事故应急演练。 2. 发现问题，立即上报。 3. 有人受伤时，立即按照现场处置方案的具体方法和程序进行救护。 4. 正确使用救生圈、救生衣、救生绳等救援物资	
1. 执行工程检查巡查制度和维修养护制度。 2. 每周进行 2 次日常巡查，参加综合检查、特别检查、专项检查。 3. 巡视检查后认真填写检查记录。 4. 检查"水深危险""禁止翻越"等警示标志是否齐全完好	学习《山东省水闸工程运行管理规程（试行）》《水闸技术管理规程》《水工钢闸门和启闭机安全运行规程》、工程检查巡查制度和维修养护制度等规范制度规程	正确穿戴安全帽、防滑鞋、救生衣等防护用品	1. 参与坍塌、淹溺事故应急演练。 2. 发现问题，立即上报。 3. 有人受伤时，立即按照现场处置方案的具体方法和程序进行救护。 4. 正确使用救生圈、救生衣、救生绳等救援物资	
1. 执行工程检查巡查制度和维修养护制度。 2. 每周进行 2 次日常巡查，参加综合检查、特别检查、专项检查。 3. 巡视检查后认真填写检查记录。 4. 检查"禁止翻越""闲人免进"等警示标志是否齐全完好。 5. 参与避雷设施检测，每年 1 次	学习《山东省水闸工程运行管理规程（试行）》《水闸技术管理规程》《水工钢闸门和启闭机安全运行规程》、工程检查巡查制度和维修养护制度等规范制度规程	正确穿戴安全帽、防滑鞋等防护用品	1. 参与坍塌事故应急演练。 2. 发现问题，立即上报。 3. 有人受伤时，立即按照现场处置方案的具体方法和程序进行救护	

表 E.6-2　　　　　　　　　　　　　　　　　　　　　　　　　　　设备设施风险

风险点：××渠道　　　　　　　　　　　　　　　　　　　危险源：××水闸

序号	检查项目 名称	检查项目 标准	不符合标准发生的事故类型及后果	风险分级	责任单位	管控层级	责任人	工程技术措施
1	土建部分	1. 无不均匀沉陷。 2. 结构无明显变形、无异常位移。 3. 混凝土无裂缝、异常磨损、剥落、漏筋情况。 4. 永久缝的开合和止水工作情况正常。 5. 无块石、树枝等杂物影响闸门启闭。 6. 闸墩无倾斜、滑动、勾缝砂浆脱落。 7. 砌石护坡平整、完好、紧密，无松动、塌陷、脱落、风化、架空等情况，勾缝砂浆无破损、脱落；混凝土护坡无溶蚀、侵蚀、冻害、裂缝、破损、老化等情况	事故类型：坍塌、淹溺。 事故后果：洪涝灾害、财产损失、人身伤害	四级风险	工程管理岗	岗位	××	
2	闸门	1. 闸门表面涂层无剥落、门体无变形、锈蚀、焊缝开裂。 2. 门叶梁格、吊耳等受力构件无变形、损伤。 3. 螺栓、铆钉无松动、缺失。 4. 支承行走机构各部件完好，运转灵活。 5. 止水装置完好。 6. 需要润滑的转动轴、转动铰等部件润滑良好。 7. 闸门运行正常，无偏斜、卡阻现象，局部开启时振动区无变化或异常。 8. 门页上、下游无泥沙、杂物淤积	事故类型：机械伤害、设备损坏、渗水。 事故后果：机械损伤、财产损失、非计划停水	四级风险	调度运行岗	岗位	××	

分级管控清单

类别：设备设施类　　　　　　　　　　　　　　　　　　　　序号：3

应 有 控 制 措 施				备注
管理措施	培训教育措施	个体防护措施	应急处置措施	
1. 执行工程检查巡查制度和维修养护制度。 2. 每周进行 2 次日常巡查，参加综合检查、特别检查、专项检查。 3. 巡视检查后认真填写检查记录。 4. 检查水深危险、禁止翻越等警示标志是否齐全完好	学习《山东省水闸工程运行管理规程（试行）》《水闸技术管理规程》《水工钢闸门和启闭机安全运行规程》、工程检查巡查制度和维修养护制度等规范制度规程	正确穿戴安全帽、防滑鞋等防护用品	1. 参与坍塌、淹溺事故应急演练。 2. 发现问题，立即上报。 3. 有人受伤时，立即按照现场处置方案的具体方法和程序进行救护	
1. 执行闸门启闭安全操作规程、工程检查巡查制度和维修养护制度。 2. 每月进行 1 次日常巡查，参加综合检查、特别检查、专项检查。 3. 巡视检查后认真填写检查记录。 4. 汛前及调水前对设备进行运行试验	学习《水工钢闸门和启闭机安全运行规程》《水闸技术管理规程》、闸门启闭安全操作规程、工程检查巡查制度、维修养护制度等制度规程	正确穿戴工作服、防护手套等防护装备	1. 参与机械伤害应急演练。 2. 发现问题，立即上报。 3. 有人受伤时，立即按照现场处置方案的具体方法和程序进行救护	

序号	检查项目 名称	检查项目 标准	不符合标准发生的事故类型及后果	风险分级	责任单位	管控层级	责任人	工程技术措施
3	启闭机械	1. 启闭机运转灵活、制动准确可靠，无腐蚀和异常声响。 2. 零部件无缺损、裂纹、磨损。 3. 油路通畅无渗漏，油量、油质符合规定要求等	事故类型：设备停运、设备损坏、机械伤害。 事故后果：人身伤害、财产损失、非计划停水	四级风险		调度运行岗	岗位	××
4	电气设备	1. 控制柜保持清洁干燥。 2. 供电线路布置规范，无龟裂、绝缘层脱落、折断等现象。 3. 柜体内线路接头、元器件插接无松动、烧灼粘连等现象	事故类型：设备停运、设备损坏、触电、火灾。 事故后果：人身伤害、财产损失	三级风险		调度运行	班组	××
							岗位	××

附录 E （资料性）重大风险管控清单示例

续表

应有控制措施				备注
管理措施	培训教育措施	个体防护措施	应急处置措施	
1. 执行闸门启闭安全操作规程、工程检查巡查制度和维修养护制度。 2. 每月进行1次日常巡查，参加综合检查、特别检查、专项检查。 3. 巡视检查后认真填写检查记录。 4. 汛前及调水前对设备进行运行试验。 5. 检查当心机械伤害等警示标志是否齐全完好	学习《水工钢闸门和启闭机安全运行规程》《水闸技术管理规程》、闸门启闭安全操作规程、工程检查巡查制度、维修养护制度等制度规程	正确穿戴工作服、戴防护手套等防护装备	1. 参与机械伤害应急演练。 2. 发现问题，立即上报。 3. 有人受伤时，立即按照现场处置方案的具体方法和程序进行救护	
1. 编制操作票制度、工作许可制度、工作监护制度、巡视检查制度、操作规程等。 2. 设置有电危险、当心触电等警示标志	1. 对操作票制度、工作许可制度、工作监护制度、巡视检查制度、操作规程、标准等进行培训。 2. 对电气设备相关知识进行培训	检查工作服、安全帽、戴绝缘手套、绝缘鞋等防护用品穿戴情况	1. 组织编制触电、火灾现场处置方案，参与应急演练。 2. 接到应急信息，上报管理处负责人。 3. 安排维修养护单位维修调试	
1. 执行操作票制度、工作许可制度、工作监护制度、巡视检查制度、操作规程等。 2. 每月1次巡视检查并做好记录。 3. 检查有电危险、当心触电等警示标志是否齐全完好。 4. 相关人员持对应准操项目的特种作业操作证上岗。 5. 每年进行不少于一次电气试验	1. 学习操作票制度、工作许可制度、工作监护制度、巡视检查制度、操作规程、标准。 2. 学习电气设备相关知识	正确穿戴工作服、安全帽，操作电气设备时正确穿戴绝缘手套、绝缘鞋	1. 参与触电、火灾应急演练。 2. 发现问题，立即上报。 3. 有人受伤时，立即按照现场处置方案的具体方法和程序进行救护	

121

表 E.7-1　　　　　　　　　　　　　　　　　　　　　　　一般危险源作业活动

风险点：××节制闸　　　　　　　　　　　　　　　　　危险源：备用发电机组运行

序号	作业步骤	危险源或潜在事件（人、物、作业环境、管理）	可能发生的事故类型及后果	风险分级	责任单位	管控层级	责任人	工程技术措施
1	作业准备	1. 未开具操作票。 2. 操作监护人员未到位。 3. 未佩戴安全防护用品。 4. 未检查机油、柴油、冷却液、电瓶、线路等是否满足启动要求。 5. 未检查排气管是否畅通。 6. 电瓶正负两极接线不正确，接线不紧固。 7. 未检查市电指示灯指示是否正常，断路器未在分开位置，急停按钮未在旋出状态。 8. 未确认泵油，油路不畅通。电瓶电源开关未在闭合状态	事故类型：设备损坏、触电、火灾。 事故后果：财产损失、人身伤害	三级风险	调度运行	班组	××	
						岗位	××	
2	启动及供电	1. 未佩戴安全防护用品。 2. 未按操作规程操作。 3. 未在电压、频率稳定后送电	事故类型：设备损坏、触电、火灾。 事故后果：财产损失、人身伤害	三级风险	调度运行	班组	××	
						岗位	××	

附录 E （资料性）重大风险管控清单示例

风险分级管控清单

类别：作业活动类　　　　　　　　　　　　　　　　　　　　序号：3

应 有 控 制 措 施				备注
管理措施	培训教育措施	个体防护措施	应急处置措施	
1. 编制操作票制度、工作许可制度、工作监护制度、巡视检查制度、备用发电机操作规程等。 2. 设置"有电危险""当心触电"等警示标志	1. 对操作票制度、工作许可制度、工作监护制度、巡视检查制度、备用发电机操作规程等进行培训。 2. 对电气设备相关知识进行培训	检查手套、防噪音耳塞等劳保用品佩戴情况	1. 组织编制触电、火灾现场处置方案，参与应急演练。 2. 接到应急信息，上报管理处负责人。 3. 安排维修养护单位维修调试	
1. 执行操作票制度、工作许可制度、工作监护制度、巡视检查制度、操作规程等。 2. 每月1次巡视检查并作好记录。 3. 检查"有电危险""当心触电"等警示标志是否齐全完好。 4. 操作人员经培训后上岗。 5. 按照操作规程执行指令，并填写记录	1. 学习操作票制度、工作许可制度、工作监护制度、巡视检查制度、备用发电机操作规程。 2. 学习电气设备相关知识	正确佩戴手套、防噪音耳塞等劳保用品	1. 参与触电、火灾应急演练。 2. 发现问题，立即上报。 3. 发现有人触电时，现场人员应立即切断电源，按触电急救的具体方法和程序进行救护。 4. 发生火灾拨打119并利用符合要求的灭火器进行灭火操作	
1. 编制操作票制度、工作许可制度、工作监护制度、巡视检查制度、备用发电机操作规程等。 2. 设置"有电危险""当心触电"等警示标志	1. 对操作票制度、工作许可制度、工作监护制度、巡视检查制度、备用发电机操作规程等进行培训。 2. 对电气设备相关知识进行培训	检查手套、防噪音耳塞等劳保用品佩戴情况	1. 组织编制触电、火灾现场处置方案，参与应急演练。 2. 接到应急信息，上报管理处负责人。 3. 安排维修养护单位维修调试	
1. 执行操作票制度、工作许可制度、工作监护制度、巡视检查制度、操作规程等。 2. 每月1次巡视检查并作好记录。 3. 检查"有电危险""当心触电"等警示标志是否齐全完好。 4. 操作人员经培训后上岗。 5. 按照操作规程执行指令，并填写记录	1. 学习操作票制度、工作许可制度、工作监护制度、巡视检查制度、备用发电机操作规程。 2. 学习电气设备相关知识	正确佩戴手套、防噪音耳塞等劳保用品	1. 参与触电、火灾应急演练。 2. 发现问题，立即上报。 3. 发现有人触电时，现场人员应立即切断电源，按触电急救的具体方法和程序进行救护。 4. 发生火灾拨打119并利用符合要求的灭火器进行灭火操作	

序号	作业步骤	危险源或潜在事件（人、物、作业环境、管理）	可能发生的事故类型及后果	风险分级	责任单位	管控层级	责任人	工程技术措施
3	停机	1. 未佩戴安全防护用品。 2. 在供电完成后，未依次切断配电柜电源及发电机工作电源断路器就停机。 3. 未调整发电机旋钮至"低速"运转状态，未待机运行平稳后，就关闭发电机钥匙进而停机	事故类型：设备损坏、触电、火灾。 事故后果：财产损失、人身伤害	三级风险	调度运行	班组	××	
						岗位	××	
4	填写工作日志	未记录和汇报	事故类型：设备损坏。 事故后果：财产损失	四级风险	调度运行岗	岗位	××	

填表人：　　　　　　　填表日期：　　年　月　日

管理处批准人：

附录 E （资料性）重大风险管控清单示例

续表

应有控制措施				备注
管理措施	培训教育措施	个体防护措施	应急处置措施	
1. 编制操作票制度、工作许可制度、工作监护制度、巡视检查制度、备用发电机操作规程等 2. 设置"有电危险""当心触电"等警示标志	1. 对操作票制度、工作许可制度、工作监护制度、巡视检查制度、备用发电机操作规程等进行培训。 2. 对电气设备相关知识进行培训	检查手套、防噪音耳塞等劳保用品佩戴情况	1. 组织编制触电、火灾现场处置方案，参与应急演练。 2. 接到应急信息，上报管理处负责人。 3. 安排维修养护单位维修调试	
1. 执行操作票制度、工作许可制度、工作监护制度、巡视检查制度、操作规程等。 2. 每月 1 次巡视检查并作好记录。 3. 检查"有电危险""当心触电"等警示标志是否齐全完好。 4. 操作人员经培训后上岗。 5. 按照操作规程执行指令，并填写记录	1. 学习操作票制度、工作许可制度、工作监护制度、巡视检查制度、备用发电机操作规程。 2. 学习电气设备相关知识	正确佩戴手套、防噪音耳塞等劳保用品	1. 参与触电、火灾应急演练。 2. 发现问题，立即上报。 3. 发现有人触电时，现场人员应立即切断电源，按触电急救的具体方法和程序进行救护。 4. 发生火灾拨打 119 并利用符合要求的灭火器进行灭火操作	
1. 执行操作票制度、工作许可制度、工作监护制度、巡视检查制度、操作规程等。 2. 每月 1 次巡视检查并作好记录。 3. 检查"有电危险""当心触电"等警示标志是否齐全完好。 4. 按照操作规程执行指令，并填写记录	1. 学习操作票制度、工作许可制度、工作监护制度、巡视检查制度、备用发电机操作规程。 2. 学习电气设备相关知识		发现问题，立即上报	

审核人：　　　　　　　　　　　　　　　　　　　审核日期：　　年　月　日
管理局批准人：

125

表 E.8-1　　　　　　　　　　　　　　　　　　　　　　　　　　　一般危险源场所区域

风险点：××渠道管理处园区　　　　　　　　　　　　　　　　　　　　危险源：防汛仓库

序号	名称	检查项目 标准	不符合标准发生的事故类型及后果	风险分级	责任单位	管控层级	责任人	工程技术措施
1	外部环境	1. 具备良好的给排水、电力及通信条件。 2. 地势较高且地形平缓	事故类型：设备损坏。事故后果：财产损失	四级风险	综合岗	岗位	××	
2	建筑物	1. 库房长、宽、高符合SBJ 09要求。 2. 防渗排水满足SBJ 09要求。 3. 库房内外高度差不宜小于200mm。 4. 按要求设置通风系统、应急照明系统和疏散标示。 5. 接地满足GB 50057要求。 6. 灭火器配置符合GB 50140要求	事故类型：设备损坏。事故后果：财产损失	四级风险	综合岗	岗位	××	
3	电气与照明	1. 库房内布线不应使用软电线。 2. 超过60W的白炽灯、卤钨灯、高压汞灯及高压钠灯（包括镇流器）等不应直接安装在可燃构件上，存放可燃物品的仓库禁止设置卤钨灯等高温照明器	事故类型：设备损坏、触电、火灾、灼烫。事故后果：财产损失、人身伤害	四级风险	综合岗	岗位	××	
4	防雷设施	1. 防雷设施满足GB 50057相关规定。 2. 标识牌和警示标志齐全。 3. 引下线涂色及接地电阻符合要求。 4. 定期检测	事故类型：设备损坏、火灾、触电、灼烫。事故后果：财产损失、人身伤害	四级风险	综合岗	岗位	××	

填表人：　　　　　填表日期：　　　年　月　日

管理处批准人：

附录 E （资料性）重大风险管控清单示例

风险分级管控清单

类别：场所区域　　　　　　　　　　　　　　　　　　　　序号：3

应 有 控 制 措 施				备注
管理措施	培训教育措施	个体防护措施	应急处置措施	
1. 执行仓库管理制度。 2. 每月1次维护保养、巡视检查。 3. 每年汛前进行防雷接地电阻测试	学习仓库管理制度、电气设备相关知识	正确穿戴工作服等劳保用品	1. 参与触电、火灾应急演练。 2. 发现问题，立即上报。 3. 发现有人触电时，现场人员应立即切断电源，按触电急救的具体方法和程序进行救护。 4. 发生火灾拨打119并利用符合要求的灭火器进行灭火操作	
1. 执行仓库管理制度。 2. 每月1次维护保养、巡视检查。 3. 每年汛前进行防雷接地电阻测试	学习仓库管理制度、电气设备相关知识	正确穿戴工作服等劳保用品	1. 参与触电、火灾应急演练。 2. 发现问题，立即上报。 3. 发现有人触电时，现场人员应立即切断电源，按触电急救的具体方法和程序进行救护。 4. 发生火灾拨打119并利用符合要求的灭火器进行灭火操作	
1. 执行仓库管理制度。 2. 每月1次维护保养、巡视检查。 3. 每年汛前进行防雷接地电阻测试	学习仓库管理制度、电气设备相关知识	正确穿戴工作服等劳保用品	1. 参与触电、火灾应急演练。 2. 发现问题，立即上报。 3. 发现有人触电时，现场人员应立即切断电源，按触电急救的具体方法和程序进行救护。 4. 发生火灾拨打119并利用符合要求的灭火器进行灭火操作	
1. 执行仓库管理制度。 2. 每月1次维护保养、巡视检查。 3. 每年汛前进行防雷接地电阻测试	学习仓库管理制度、电气设备相关知识	正确穿戴工作服等劳保用品	1. 参与触电、火灾应急演练。 2. 发现问题，立即上报。 3. 发现有人触电时，现场人员应立即切断电源，按触电急救的具体方法和程序进行救护。 4. 发生火灾拨打119并利用符合要求的灭火器进行灭火操作	

审核人：　　　　　　　　　　　　　　　　　　　审核日期：　　年　月　日
管理局批准人：

单位：××水库管理处　　　　　　　　　　　　　　　　　　　　　　　　　　　　风险点：

序号	检查项目 名称	检查项目 标　准	不符合标准发生的事故类型及后果	风险分级	责任单位	管控层级	责任人	工程技术措施
1	结构	不擅自改变防火分区和消防设施、降低装修材料的燃烧性能等级	事故类型：火灾。事故后果：财产损失，人身伤害	四级风险	综合岗	岗位	××	
2	布局	安全出口、疏散通道畅通，无锁闭；消防设施、器材在位，完整有效	事故类型：火灾。事故后果：财产损失，人身伤害	四级风险	综合岗	岗位	××	
3	档案室	档案室不能达到"防盗、防火、防水、防潮、防尘、防虫、防鼠、防高温、防强光"（库房要保持温度在14～24℃，日变化幅度不超过±2℃；相对湿度为45%～60%，日变化幅度不超过±5%）的要求	事故类型：设备停运、火灾。事故后果：人身伤害、健康伤害、财产损失	四级风险	综合岗	岗位	××	配备空气净化机、温湿度记录仪、除湿机、灭火器
4	电气设备	设备性能良好，设备运转正常	可能造成的后果：财产损失、人身伤害	四级风险	综合岗	岗位	××	
5	电线和插座	电气线路和插座的线路截面应满足负荷电流；无乱拉电线、插排现象；插座外观良好，无破损、烧毁	可能造成的后果：财产损失、人身伤害	四级风险	综合岗	岗位	××	线路截面满足用电要求，铜线截面不应小于1.5mm²，铝线截面不应小于2.5mm²
6	消防器材	选择适宜的灭火器	财产损失、人身伤害	四级风险	综合岗	岗位	××	

填表人：　　　　　　　填表日期：　　年　月　日

管理处批准人：

附录 E （资料性）重大风险管控清单示例

调度楼 序号：2

应有控制措施				备注
管理措施	培训教育措施	个体防护措施	应急处置措施	
建筑内部装修不应改变疏散门的开启方向，减少安全出口、疏散出口的数量及其净宽度，影响安全疏散畅通				
单位每月1次消防安全检查	每半年组织1次对从业人员的集中消防培训			
制定档案室管理制度	对管理工作人员进行培训		及时更换合格产品	
定期检查，日常维护			配备手提式干粉灭火器	
工作人员每月进行安全检查	工作人员用电安全教育培训		配备手提式干粉灭火器	
工作人员每月进行消防检查				

审核人：　　　　　　　　　　　　　　　　审核日期：　　年　月　日
管理局批准人：

129

附录 F
（规范性）
危险源辨识与风险评价报告

H.1 危险源辨识与风险评价报告主要内容及要求

H.1.1 工程简介：工程概况（包括工程组成、工程等别、设计标准、抗震等级、主要特征值、工程地质条件及周边自然环境等），工程运行管理概况（工程建设年份及运行时间、安全鉴定情况、除险加固情况、危险物质仓储区、生活及办公区的危险特性描述等），管理单位安全生产管理基本情况。

H.1.2 危险源辨识与风险评价主要依据。

H.1.3 危险源辨识和风险评价方法：结合工程运行管理实际选用相适应的方法。

H.1.4 危险源辨识与风险评价内容：危险源名称、类别、级别、所在部位或项目、事故诱因、可能导致的事故、危险源风险等级。

H.1.5 安全管控措施：根据危险源辨识与风险评价结果，对危险源提出安全管理制度、技术及防护措施等。

H.1.6 应急预案：根据危险源辨识与风险评价结果，提出有关应急预案或应急措施。

下篇
隐患排查治理

1　范围

"隐患排查治理"（下篇）规定了南水北调东线山东干线有限责任公司（以下简称"干线公司"）隐患排查治理体系建设的术语和定义、基本要求、隐患分级与分类、工作程序和内容、文件管理、隐患排查治理效果等内容。适用于南水北调东线山东干线工程运行管理的隐患排查治理工作。与"安全风险分级管控"（上篇）配合使用。

2　规范性引用文件

下列文件中的内容通过文中的规范性引用而构成本篇必不可少的条款。其中，注明日期的引用文件，仅该日期对应的版本适用于本篇；未注明日期的引用文件，其最新版本（包括所有的修改单）适用于本篇。

《重大火灾隐患判定方法》（GB 35181）

《石坝安全监测技术规范》（SL 551—2012）

《水利水电工程安全监测系统运行管理规范》（SL/T 782）

《水库工程运行管理单位生产安全事故隐患排查治理体系实施指南》（DB 37/T 4264）

《中华人民共和国安全生产法》（国家主席令第十三号发布，第八十八号修改）

《南水北调工程供用水管理条例》

《山东省南水北调条例》

《生产安全事故隐患排查治理规定》

《水利部办公厅关于印发水利工程生产安全重大事故隐患清单指南（2021年版）的通知》（办监督〔2021〕364号）

《水利工程运行管理单位生产安全事故隐患排查治理体系细则》（DB 37/T 3513—2019）

《灌区工程运行管理单位安全生产风险分级管控体系实施指南》（DB 37/T 4260—2020）

《河道工程运行管理单位安全生产事故隐患排查治理体系实施指南》（DB 37/T 4262—2020）

《水库工程运行管理单位安全生产事故隐患排查治理体系实施指南》

(DB 37/T 4264—2020)

《引调水工程运行管理单位安全生产事故隐患排查治理体系实施指南》(DB 37/T 4266—2020)

《山东省安全生产风险管控办法》

《山东省生产安全事故隐患排查治理办法》

《山东省水利工程运行管理单位风险分级管控和隐患排查治理体系评估办法及标准（试行）》

《山东省生产安全事故隐患排查治理体系通则》

其他安全生产相关法规、标准、政策以及相关管理制度等且不限于上述文件。

3 术语和定义

3.1 事故隐患

企业违反安全生产、职业健康和公共卫生相关的法律、法规、标准、规章制度的规定，或者因其他因素在生产经营活动中存在可能导致事故发生或导致事故后果扩大的物的危险状态、人的不安全行为和管理上的缺陷。

3.2 隐患排查

组织安全生产管理人员、工程技术人员、岗位员工以及其他相关人员根据国家安全生产法律法规、标准规范和企业规章制度，采取一定的方式和方法，对本单位的人员、作业、设备设施、物料、环境和管理等要素进行逐项检查，对照风险分级管控措施的有效落实情况，对本单位的事故隐患进行排查的工作过程。

3.3 隐患治理

消除或整改治理隐患的活动或过程。

3.4 隐患信息

隐患台账、隐患名称、位置、状态描述、可能导致的后果及其严重程度、治理目标、治理措施、职责划分、治理期限等信息的总称。

3.5 水利工程安全鉴定

由专门的机构对水工建筑物的工程质量和安全性做出科学的评价，保障水利工程安全运行。主要包括蓄水安全鉴定、枢纽工程竣工安全鉴定和专项安全鉴定（如：大坝安全鉴定、水闸安全鉴定、泵站安全鉴定、堤防安全鉴定等）。

4 基本要求

4.1 组织机构和职责

4.1.1 干线公司成立风险分级管控与隐患排查治理领导小组（简称"双重预防体系"领导小组），由干线公司领导班子成员、各岗位主要负责人等组成，干线公司主要负责人担任领导小组组长，全面负责干线公司的安全生产风险分级管控与隐患排查治理工作的研究、统筹、协调、指导和保障等工作。领导小组下设办公室，作为日常办事机构，设在安全质量部。

4.1.2 各管理局（中心、下同）、管理处成立"双重预防体系"机构，负责各自的"双重预防体系"危险源辨识、风险评价、分级管控与隐患排查治理体系建设运行等工作。

4.1.3 干线公司全员参与"双重预防体系"建设运行工作，各岗位应根据工作分工和职责积极参与隐患排查治理工作，开展日常隐患排查治理，接受安全教育培训，严格执行隐患排查治理规定。

4.1.4 按照干线公司制定的监督检查管理办法中的要求，各部门、各单位负有职责及管辖范围内的隐患排查治理的监督检查与管理责任。

4.1.5 干线公司制定对风险分级管控与隐患排查治理体系建设成果的评价体系，强化隐患排查治理情况作为落实安全生产责任制的重要内容，纳入年度考核，发挥考核引导作用，促进各项工作责任落实。

4.2 教育培训

4.2.1 干线公司将风险分级管控与隐患排查治理培训纳入安全培训计划，提高风险意识，强化安全风险分级管控教育，提高员工安全知识和安全技能水平，使员工能够有效识别危害因素、控制风险。

4.2.2 干线公司开展风险分级管控与隐患排查治理全员培训，每年不少于 8 学时。培训内容主要为双重预防岗位责任、危险源辨识以及风险评价的方法和管控要求等，健全教育培训考核档案。

4.2.3　干线公司全员参与隐患排查治理活动，通过专题讲座、技术培训讲课、安全规程培训考试、安全知识竞赛、安全月活动等多种形式开展安全教育培训工作，确保隐患排查治理覆盖各区域、场所、岗位、各项作业和管理活动。

4.3　融合管理

干线公司将风险分级管控、隐患排查治理、安全生产标准化及企业标准等工作全面融合，形成一体化的安全管理体系。使风险分级管控和隐患排查治理贯穿于生产经营活动全过程，成为干线公司各层级、各岗位日常工作的重要组成部分。

5　隐患分级与分类

5.1　隐患分级

根据隐患整改、治理和排除的难度及其可能导致的事故后果和影响范围，可将隐患分为一般事故隐患和重大事故隐患，其规定如下：

（1）一般事故隐患：危害和整改难度较小，发现后能够立即整改排除的隐患。

（2）重大事故隐患：危害和整改难度较大，无法立即整改排除，需要全部或者局部停产停业，并经过一定时间整改治理方能排除的隐患。或者因外部因素影响致使生产经营单位自身难以排除的隐患。以下情形为重大事故隐患。

1）依据水利部（水安监〔2021〕364 号）直接判断的。
2）GB 35181 界定的重大隐患。
3）根据其他相关规定判定的。

5.2　隐患分类

事故隐患分为基础管理类隐患和生产现场类隐患。其规定如下：
（1）基础管理类隐患。主要包括以下方面的问题或缺陷：
1）安全生产管理机构及人员。

2）安全生产责任制。

3）安全生产管理制度。

4）教育培训。

5）安全生产管理档案。

6）安全生产投入。

7）应急管理。

8）职业卫生基础管理。

9）相关方安全管理。

10）基础管理其他方面。

（2）生产现场类隐患。主要包括以下方面的问题或缺陷：

1）设备设施类。

2）从业人员操作行为类。

3）场所环境类，主要包括供配电设施、临时用电及动火、辅助动力系统、消防及应急设施、职业健康和公共卫生防护设施及现场其他方面等。

6 工作程序和内容

6.1 总则

6.1.1 应建立安全风险分级管控制度，按照安全风险分级采取相应的管控措施。

6.1.2 应建立健全并落实生产安全事故隐患排查治理制度，采取技术、管理措施，及时发现并消除事故隐患。事故隐患排查治理情况应当如实记录，并通过职工大会或者职工代表大会、信息公示栏等方式向从业人员通报。其中，重大事故隐患排查治理情况应当及时向负有安全生产监督管理职责的部门和职工大会或者职工代表大会报告。

6.1.3 工作程序主要包括制定排查清单、编制排查计划、隐患排查的标准和分级、整改治理及验收等。

6.1.4 工作内容主要包括排查范围、排查标准、排查类型、排查周期、组织级别、隐患等级等信息。

注：隐患排查治理是生产经营单位安全生产管理过程中的一项法定工作，根据《安全生产法》第四十一条规定："生产经营单位应当建立安全风险分级管控制度，按照安全风险分级采取相应的管控措施。"

6.2 编判排查项目清单

6.2.1 排查登记要求如下：

（1）根据《水利工程生产安全重大事故隐患清单指南（2021年版）》（水安监〔2021〕364号）、DB 37/T 4266—2020及相关标准等文件，结合工程运行及安全管理的要求，对干线公司水库、泵站、水闸和渠道等工程分别编判隐患排查清单。隐患排查清单包括基础管理类隐患排查清单（附录A）和生产现场类隐患排查清单（附录B）。

（2）根据有关法律法规、标准和规章制度对排查出的事故隐患进行科学合理判定。对相关隐患判定另有规定的，适用其规定。判定标准清单中列出常见隐患内容，单位根据隐患判定清单指南所列隐患的危害程度、结合工程实际情况和判定解析含义判断隐患，也可根据工作经验采用其他方式方法来判定，判定完成后详细登记台账。

（3）依据附录C得出本单位的直判重大事故隐患清单。

（4）对于判定出的一般安全事故隐患和重大事故隐患，应立即组织整改。不能立即整改的，要做到整改责任、资金、措施、时限和应急预案"五落实"。

（5）重大事故隐患及其整改进展情况须经本单位负责人同意后报有管辖权的水行政主管部门。

6.2.2 判定注意事项规定如下：

（1）应认真查阅有关文字、影像资料和会议记录，并进行现场核实。

（2）对于涉及面较广、复杂程度较高的事故隐患，应进行集体讨论或专家技术论证。

（3）集体讨论或专家技术论证在判定重大事故隐患的同时，明确重大事故隐患的治理措施、治理时限以及治理前采取的防范措施。

（4）经风险评价确定为高级别风险的隐患，应管控、降级、替代、治理。

（5）直接判断：根据《水利工程生产安全重大事故隐患清单指南（2021年版）》（水安监〔2021〕364号），结合工程实际解析判定。

（6）综合判定：根据《水利工程生产安全重大事故隐患清单指南（2021年版）》（水安监〔2021〕364号），依据基础管理类、生产现场类隐患排查清单，结合工程实际解析逐项判定。

（7）根据单位特点，绘制隐患分布位置总图、消防系统总图、危险化学品分布图（有的），并落实相关管理、告知措施。

（8）安全监测、观测系统管理同时执行 SL/T 782。

6.2.3 判定过程中，可参照水利工程生产安全重大事故隐患清单，见附录 C。

6.3 事故隐患排查计划

6.3.1 各管理局针对本辖区水库、泵站、水闸和渠系工程隐患排查清单及实际情况组织制定隐患排查计划，明确排查时间、排查目的、排查要求、排查类型、排查范围、组织级别、资金保障等，并以文件形式下发。

6.3.2 排查计划的格式、内容应规范、合规、科学等，时间安排应合规、合理。排查计划格式见附录 D。

6.4 排查实施及标准

6.4.1 排查实施要求如下：

（1）单位遵照制定的隐患排查计划，对照隐患排查清单，依据基础安全管理要求和确定的各类风险的控制措施形成排查标准，确定排查类型、人员数量、时间安排及排查方式，按照排查组织级别，组织各相关部门和人员进行隐患排查。

（2）排查内容包括：排查范围、排查内容与排查标准、排查类型、排查周期、组织级别、隐患等级等信息。

（3）隐患排查应全面覆盖、责任到人，对排查出的事故隐患，进行评估分级，填写隐患排查记录，按规定登记上报。

6.4.2 组织级别规定如下：

（1）根据自身组织架构，确定不同的排查组织级别，包括干线公司、管理局、管理处和班组岗位四个级别。

（2）常用的隐患排查组织级别如下：

1）综合性隐患排查的组织级别为管理局、管理处。

2）专项隐患排查的组织级别为管理局、管理处。

3）特别隐患排查的组织级别为干线公司、管理局、管理处。

4）季节性隐患排查的组织级别为管理局、管理处。

5）日常隐患排查的组织级别为管理处、班组、岗位。

6）定期隐患排查的组织级别为管理局、管理处。

7）重大活动及节假日期间隐患排查的组织级别为干线公司、管理局。

8）事故类比隐患排查的组织级别为管理局、管理处。

9）专业诊断性检查（安全鉴定）的组织级别为干线公司、管理局。

（3）具体工作中，操作层面上应有机融合各类检查，以符合实际、提高效率、满足排查要求。

6.4.3　排查类型与周期规定如下：

（1）水库、泵站、水闸和渠系工程管理根据相关要求，结合自身组织架构、管理特点，确定各隐患排查类型的周期，可根据上级主管部门的要求等情况，增加隐患排查的频次。

（2）常用隐患排查频次如下：

1）日常隐患排查根据相关标准、管理制度及各单位实际情况确定，结合其他检查，每周不少于1次，有关岗位要每天检查。

2）定期隐患排查，每年调（供）水期前后、汛前、汛中、汛后，冰冻期前后。

3）特别隐患排查，当发生特大洪水、暴雨、台风、地震、工程非常运用和发生重大事故等情况时。

4）综合性隐患排查，管理局每季度组织1次。

5）专项隐患排查，每月开展1次。

6）重大活动及节假日期间隐患排查，重大活动及节假日期间开展。

7）事故类比隐患排查，在同类单位或项目发生伤亡及险情等事故后。

8）专业诊断性检查（安全鉴定），根据法律、法规及行业有关规定或工程实际需要开展。

9）单位可根据实际情况将不同排查类型结合进行。

10）安全事故隐患排查表样见附录E。

（3）排查实施注意事项如下：

1）安全鉴定根据法律、法规及行业有关规定或工程实际委托相关单位或专家进行。

2）排查中遇到使用新的施工工艺、新的材料、新的动能燃料等应查清名称、使用方法、适用范围等事项，并对其合法性和合规性进行复核，按照其相关标准使用、管理和防护。

3）当电机、水泵、电器及相关设备等发现声音、温度、震动等运行状况异常时应尽快停机检查，查找确切原因，并采取科学合理措施处理、治理；若条件允许，尽量录音录像取证，以备技术论证等。

4）注意隐患清单与设备清单的关联关系，做到不漏项。

6.5 隐患的排查和治理

6.5.1 隐患排查的具体内容见附录 E。

6.5.2 隐患治理时应考虑以下原则：

（1）隐患治理坚持分级治理、分类实施、边排查边治理的原则，对排查出的隐患，单位按照职责分工实施监控治理。

（2）排查过程中能立即整改的隐患必须立即整改；无法立即整改的隐患，要制定整改计划，并将隐患名称、位置、不符合状况、隐患等级、治理期限及治理措施要求等信息进行公示。

（3）隐患治理应做到方案科学、资金到位、治理及时、责任到人、限期完成。治理前要研究制定防范措施，落实监控责任，防止隐患发展为事故。

6.5.3 隐患治理的流程如下：

（1）在隐患排查中发现隐患，应向隐患存在单位（班组、岗位）下发隐患整改通知书，见附录 F。隐患排查部门和隐患存在单位（班组、岗位）的责任人在隐患整改通知书上签字确认。

（2）隐患排查结束后，将隐患情况及时进行通报。

（3）隐患存在单位（班组、岗位）在接到隐患整改通知书后，立即组织相关人员针对隐患进行原因分析，制定可行的隐患治理措施或方案，并组织人员进行治理。

（4）隐患存在单位（班组、岗位）在隐患治理结束后，向隐患排查部门提交书面的隐患整改报告，隐患整改报告根据隐患整改通知单的内容，逐条将隐患整改情况进行回复。

（5）隐患排查部门在隐患整改后，组织相关人员对隐患整改效果进行验收，并在隐患整改报告上对复查情况进行签字确认。

（6）隐患整改治理通知书、隐患整改治理报告书、重大事故隐患排查治理台账、事故隐患排查治理台账见附录 F。

6.5.4 一般事故隐患由岗位、班组负责人或者有关人员负责组织整改。规定如下：

（1）整改情况应安排专人进行确认。

（2）要求立即整改的隐患，应立即组织整改。现场能立即整改的，立即进行整改；对暂时不能整改的，一般事故隐患，由组织排查单位对隐患责任单位（班组、岗位）开具《事故隐患整改通知单》，责任单位（班组、岗位）按要求制定整改计划，其内容包括存在问题原因分析、整改措施、整改资金来源、整改负责人、整改期限、整改前采取的防范措施或预案等，限期整改。

6.5.5 重大事故隐患治理规定如下：

（1）判定属于重大事故隐患的，现场立即采取有效的安全防范措施，防止事故发生。同时相应责任单位及时组织上报和评估、确定隐患影响范围和风险程度，提出监控、治理措施及治理期限等，并编制事故隐患评估报告书。根据评估报告书相关内容制定重大事故隐患治理方案。其主要内容如下：

1）治理的目标和任务。
2）采取的方法和措施。
3）经费和物资的落实。
4）负责治理的机构和人员。
5）治理的时限和要求。
6）治理过程中的安全措施和应急预案。
7）治理后评估验收和移交。

（2）整改过程注意以下几点：

1）隐患排除前或者排除过程中无法保证安全的，应当从危险区域内撤出作业人员，并疏散可能危及的其他人员，设置警戒标志，暂时停工或者停止使用。对暂时难以停工或者停止使用的相关设施设备、作业活动，制定可靠的措施，并落实相应的责任人和整改完成时间。

2）治理期间，相关单位主要负责人应及时组织落实相应的安全防范措施，防止事故或次生灾害发生。

3）治理工作结束后，单位组织相关技术人员和专家对重大事故隐患的治理情况进行评估，或委托具备相应技术能力的安全评价机构对重大事故隐患的治理情况进行评估，并给出结论。

4）上级政府和有关部门挂牌督办并责令全部或者局部停工治理的重（特）大事故隐患，治理工作结束后，对治理情况进行评估。

5）经治理后符合安全生产条件的单位，可向上级主管部门和政府监管部门申请核销隐患，并提出恢复生产的书面申请，其内容应包括隐患项目、治理方案、整改情况和（专业）评价报告；有关部门审查同意后方可恢复生产经营。

6.6 隐患治理验收

6.6.1 一般事故隐患和重大事故隐患治理验收程序如下：

（1）一般事故隐患整改完成后，单位安全管理人员进行一般事故隐患整改效果验证，并将验证整改情况记录在事故隐患排查治理台账。

（2）重大事故隐患整改完成后，组织相关部门负责人、专家、技术人员等进行复查评估、验收，验收合格后进行签字确认，并将整改情况记录在重大事故隐患排查治理台账，实现闭环管理。

6.6.2 事故隐患治理档案应包括以下信息：

（1）隐患名称。

（2）隐患内容。

（3）隐患编号。

（4）隐患所在单位（部位）。

（5）专业分类。

（6）归属职能部门。

（7）评估等级。

（8）整改期限。

（9）治理方案。

（10）整改完成情况。

（11）相关会议纪要。

（12）验收评估报告。

（13）正式文件等。

6.6.3 验收注意事项如下：

（1）事故隐患整改完毕后，应向隐患整改通知单签发部门提交隐患整改报告，隐患整改报告应包括隐患整改的责任人、采取的主要措施、整改效果和完成时间、相关整改影像资料以及验收资料等。

（2）对政府督办、上级水行政主管部门挂牌督办并责令停建停用治理的重大事故隐患，验收评估报告经上级水行政主管部门审查同意方可销号。其他程序按有关规定执行。隐患治理项目验收后，单位将竣工验收报告、竣工验收资料（表）一并归档。

（3）已竣工并投入正常运行的隐患治理项目（设施），单位组织工程、技术、设备、安全等部门和生产、维护、施工、安装单位进行技术交底和培训学习，同时更新相应的操作规程。

（4）有关单位同时将相关证件（合格证、使用说明等）和技术管理资料，移交生产、维护单位和相关职能部门。

6.7 事故隐患的报告和统计分析

6.7.1 单位和个人发现事故隐患，均有权向各级安全管理部门报告。各级安全管理部门接到事故隐患报告后，应当按照职责分工立即组织核实，并予以查处。

6.7.2 鼓励和奖励社会人员、职工对事故隐患举报。单位主要领导负责受理各类安全问题的举报，接到举报后应立即核实，并予以查处，做好记录备查，处理的结果予以及时回复。

6.7.3 各单位应每月对本单位内事故隐患排查治理情况进行评审、分级和统计分析，并于每月定期逐级上报。统计分析情况应当由各单位主要负责人签字或盖章认可；每季度、每年对本单位事故隐患排查治理情况进行统计分析，并分别于下季度15日前和下一年度1月31日前向上级报送，书面统计情况分析，统计分析情况应当由单位主要负责人签字确认。

6.7.4 在统计分析的基础上，认真总结经验，吸取教训，为全面做好安全工作提供宝贵经验和基础支持。

6.8 事故隐患复盘

6.8.1 事故隐患复盘倒查的要求如下：

（1）凡是检查发现的事故隐患，都应从隐患产生的内部条件、外部因素实行倒查，在查明原因、积极整改的同时，制定出相应的防范措施，从源头上进行治理，防范同类隐患再次发生。

（2）事故隐患倒查要从下至上，逐级进行调查。属于上级的原因，由上级继续调查，追根溯源。

（3）每次隐患倒查后，详细记录事故隐患整改台账，隐患的分类、级别、责任单位和责任人、产生的主要原因、整改要求和制定的防范措施等。

6.8.2 事故隐患调查的主要内容如下：

（1）首先在班组的职责范围内进行调查，重点检查岗位职责是否落实，安全管理制度、安全规程与操作方法是否到位，安全技术安排是否合理，员工教育培训是否到位。

（2）举一反三，以案为鉴，类比排查，落实责任，精准治理。

（3）单位安全管理部门负责对本单位事故隐患或成因调查进行检查，并每月对调查发现的情况进行总结分析，记入档案。

7 信息化管理

7.1 应建立风险分级管控和事故隐患排查治理信息档案管理制度。

7.2 隐患排查治理相关信息录入风险分级管控及隐患排查治理体系信息平台中，建立干线公司系统安全生产数据库，加强基础信息管理，实现安全风险信息报送、统计分析、分级管理、隐患排查治理和动态管控功能信息化、自动化、智慧化。

7.3 各单位如实记录风险分级管控和事故隐患排查治理情况，有关信息内容按规定上报，并进行公示和告知，保障信息管理正常、规范。

7.4 涉及重大事故隐患的信息，按照相关的规定整理、报送、归档保存。

7.5 事故隐患排查治理信息资料应包括：隐患排查治理作业指导书，隐患排查治理制度，隐患排查治理活动计划，事故隐患排查、治理台账，隐患整改通知单，隐患整改报告，重大事故隐患治理方案，整改完成、验收销号资料等。

8 动态管理及档案文件管理

8.1 动态管理

8.1.1 各单位要高度重视危险源风险的变化情况，动态辨识危险源及隐患排查治理，确保安全风险、隐患始终处于受控范围内。

8.1.2 应建立专项档案，按照有关规定定期对安全防范设施和安全监测监控系统进行检测、检验；组织进行经常性维护、保养并做好记录。

8.1.3 应针对本风险、隐患可能引发的事故完善应急预案体系，明确应急措施，并保障监测管控投入，确保所需人员、经费与设施设备满足需要。

8.1.4 干线公司对判定、排查出的重大事故隐患，应向本单位有关负责人报告，有关负责人应当按照规定上报并及时处理，按照事故隐患的等级进行记录，建立事故隐患信息档案，按照职责分工实施监控治理，并将事故隐患排查治理情况向从业人员通报。

8.1.5 对于重大事故隐患，除按照规定及时报告本单位领导外，应当视情况向行业主管部门和当地应急管理部门报告，必要时提交书面材料，重大事故隐患报送内容应当包括：

(1) 隐患的现状及其产生原因。

(2) 隐患的危害程度和整改难易程度分析。

(3) 隐患的治理方案（包括"五落实"）。

8.1.6 动态管理注意事项如下：

(1) 人员变动时，必须工作交接、责任交接，同时变更相关的登记、档案资料并及时归档。

(2) 风险管控档案、隐患排查、登记台账、管控、治理通知书或告知书、管控、治理措施及责任、评估验收及移交等记录、资料要翔实全面，形成闭环管理。

(3) 管理局级情况比较特殊，双控体系档案也要全面、实际，简明扼要，包括设备清单（主要是电器、防火）、检查督查作业活动清单、评价记录及管控清单等。

(4) 管理局、管理处的有关文件贯彻、制定要与干线公司总部协调一致，不要缺项、漏项等。

8.2　档案文件管理

8.2.1 干线公司应完整保存体现隐患排查治理过程的记录资料，并分类建档管理。对于重大事故隐患，建立独立的信息档案管理。风险管控和事故隐患排查治理信息档案，如实记录事故隐患排查治理情况，并按规定定期上传上报、公示和告知。

8.2.2 应及时整编、统计归档入册，隐患排查治理信息资料至少（且不限于）包括：

(1) 隐患排查治理作业指导书。

(2) 隐患排查治理制度。

(3) 隐患排查治理活动计划。

(4) 事故隐患排查、治理台账。

(5) 隐患排查治理公示公告。

(6) 隐患整改通知单、隐患整改报告。

(7) 重大事故隐患治理方案。

(8) 相关的技术交底、培训教育资料。

(9) 整改完成、验收销号资料。

(10) 风险管控相关档案资料。

8.3 隐患排查治理效果

8.3.1 通过隐患排查治理体系的建设，判定、排查出的重大事故隐患做到了整改措施、资金、时限、责任和预案"五落实"，并按计划组织实施，使重大事故隐患处于整改治理和严格的受控状态，确保不发生安全事故。一般事故隐患得到及时的治理完善。

8.3.2 通过隐患排查治理，至少在以下方面取得效果：

（1）全体人员熟悉、掌握隐患排查治理的相关知识、方法，安全意识得到提升。

（2）事故隐患排查制度得到完善。

（3）各级排查责任得到进一步落实。

（4）职工隐患排查水平得到进一步提高。

（5）事故隐患得到有效治理，生产安全事故明显减少。

（6）职业健康管理水平进一步提升。

（7）进一步明确风险管控和隐患排查治理运行及结果进行考核，考核结果作为从业人员职务调整、收入分配等的重要依据。

9 持续改进与创新

9.1 总结评审

9.1.1 应每年对风险分级管控和隐患排查治理体系的建设运行情况进行一次系统性评审，可结合安全生产标准化、规范化自查评审工作，重点对危险源辨识的准确性、关键控制措施可操作性及落实情况、分级管控实施的有效性、事故隐患排查治理的可靠性以及体系运行效果进行自评。

9.1.2 应对评审结果进行公示和公布。

9.2 更新与创新

9.2.1 根据以下情况变化对风险管控、事故隐患的影响，及时针对变化范围开展风险分析和隐患排查，及时更新相关信息：

（1）法规、标准等增减、修订变化所引起风险程度的改变。

（2）发生事故后，有对事故、事件或其他信息的新认识，对相关危险源的再评价。

（3）组织机构发生重大调整。

（4）使用"新工艺、新材料、新设备、新技术"后产生的新的环境变化等。

9.2.2 通过风险分级管控及隐患排查治理体系的建设，在以下方面有所改进和创新。

（1）工作导向：创新是工作的导向、调（供）水业务的实际需要和工作目标的需要。

（2）融合创新：要推进前沿技术在引调水工程中的创新应用，强化与物联网、视频、遥感、大数据、人工智能、5G、区块链等新技术深度融合，探索和试验以信息化手段促进引调水工程管理、服务、决策等工作更加精细、优质、智能。

（3）智能调水：根据《水利部关于印发加快推进智慧水利的指导意见和智慧水利总体方案的通知》（水信息〔2019〕220号），干线公司组织有关专业技术人员开展"智慧调水"研讨，逐步建立"精细智能化调度指挥系统""智能化工程监控系统""智能化天地一体监管、安全预警系统"，提升干线公司的自动化、智能化管理水平。实现零伤害、零事故、零缺陷、零污染的目标。

（4）总结推广：工作中不断总结经验，分析问题，提炼成果，形成可推广、可复制的应用成果，加大示范推广力度，提升干线公司网信水平。

9.3 交流与沟通

9.3.1 建立不同职能和层级间的内部沟通和用于与相关方的外部风险管控沟通体系，及时有效传递风险信息，树立内外部风险管控信心，提高风险管控效果和效率，重大风险信息更新后及时组织相关人员进行培训。

9.3.2 结合安全月、安全日活动，走出去（参观、交流学习）、请进来（培训、讲解、沟通学习），努力提高全员的安全文化素质和安全技能，让标准成为习惯，让习惯符合标准。

9.3.3 落实职业健康，促进安全生产。通过交流沟通，强化安全管理工作的基础，实现工程现场标准化、规范化管理，完善职业健康管理体系，规范、文明管理现场，各岗位、通道保持安全、畅通，各类安全防护设施到位；每班组做到现场保持干净、整洁，形成一个干净整洁舒适的工作环境，促进安全生产，促进"双重预防体系"的全面建设和职业健康。

9.3.4 加强外包方（相关方）管理，特别是安全工作，不允许以包代管，更不允许包而不管，避免出现任何薄弱环节，应做到：

（1）把好队伍入门关，实行"准入"制度，对其安全工作、机构进行严格审查，对合格的队伍签订安全生产协议书，明确双方责任，规定奖罚条例，实行以奖代补，并责令其健全安全管理体系。

（2）针对外包队伍技能低、流动大、管理散等特点，重点做好入场时三级安全教育，取证上岗，换岗重新取证，无证不准上岗，对进场不满三个月的员工挂红牌，进行重点监护，重要环节强化安全培训工作，确保安全投入。

（3）将外包队伍安全管理纳入本单位安全管理体系，一切安全工作事务、安全会议活动均要求外包单位与本单位科室岗位同等参加，并要求其员工的一切安全防护措施均达到干线公司职工同等水平。

（4）健全完善各类生活设施，使外包（代维、代管）人员在良好的生活环境中，切身感悟到生命的可贵，建立和提高他们安全生产、珍惜生命的意识。

附录 A
（规范性）

基础管理类隐患排查清单

表 A.1-1 基础管理类隐患排查清单

序号	排查项目	排查内容与标准	专项检查 每月/部门	专项检查 季度/部门	综合性检查 半年/单位	综合性检查 年/单位
1	安全目标	逐级制定年度安全目标、保证措施、工作计划，并履行编、审、批手续				√
2	安全管理机构的建立、安全生产责任制、安全管理制度的健全和落实	单位应当依法设置安全生产管理机构，配备专（兼）职安全生产管理人员。配备的安全生产管理人员必须能够满足安全生产的需要				√
		制定完善各级、各岗位安全职责，责任制中的安全职责范围与部门、岗位职责应一致、具体，已制定的岗位职责中应落实"党政同责"和"一岗双责"要求				√
		单位应建立安全生产责任制考核机制，对各级管理部门、管理人员及从业人员安全职责的履行情况和安全生产责任制的实现情况进行定期考核，予以奖惩				√

150

附录 A （规范性）基础管理类隐患排查清单

续表

序号	排查项目	排查内容与标准	专项检查 每月/部门	专项检查 季度/部门	综合性检查 半年/单位	综合性检查 年/单位
2	安全管理机构的建立，安全生产责任制、安全管理制度的健全和落实	单位应及时将识别、获取的安全生产法律法规和其他要求转化为本单位规章制度，结合本单位实际，建立健全安全生产规章制度体系。主要安全生产规章制度应包括但不限于：1. 目标管理；2. 安全生产奖惩制；3. 安全生产承诺；4. 安全生产会议；5. 安全生产投入；6. 安全设备设施、新设备设施、新材料、新技术、新工艺、新材料管理；7. 安全生产责任人；8. 安全生产信息化；9. 新工艺、新材料、新设备设施、新材料管理；10. 法律法规标准规范管理；11. 文件、记录和档案管理；12. 重大危险源辨识与管理；13. 安全风险管理、隐患排查治理；14. 班组安全活动；15. 特种作业人员管理；16. 建设项目安全设施、职业病防护设施 "三同时" 管理；17. 设备设施管理；18. 安全设施管理；19. 作业活动管理；20. 危险物品管理；21. 工程安全标志管理；22. 消防安全管理；23. 交通安全管理；24. 防汛度汛安全管理；25. 工程安全监测观测；26. 调度管理；27. 工程维修养护；28. 用电安全管理；29. 仓库管理；30. 安全保卫；31. 工程巡查巡检；32. 变更管理；33. 职业健康管理；34. 劳动防护用品（用具）管理；35. 安全预测预警；36. 应急管理；37. 事故管理；38. 相关方管理；39. 安全生产报告；40. 绩效评定管理		√		√
3	操作规程	单位应引用或编制安全操作规程，确保从业人员参与安全操作规程的编制和修订工作		√	√	√
		新技术、新材料、新工艺、新设备设施投入使用前，组织编制或修订相应的安全操作规程，并确保其适宜性和有效性		√		√
		安全操作规程应发放到相关作业人员		√		√

151

续表

序号	排查项目	排查内容与标准	专项检查 每月/部门	专项检查 季度/部门	综合性检查 半年/单位	综合性检查 年/单位
4	安全教育培训	单位应当对从业人员进行安全生产教育和培训,保证从业人员具备必要的安全生产知识,熟悉有关的安全生产规章制度和安全操作规程,掌握本岗位的安全操作技能。从业人员应当接受教育和培训,考核合格后上岗作业;对有资格要求的岗位,应当配备依法取得相应资格的人员				√
		单位采用新工艺、新技术、新材料或使用新设备,必须了解、掌握其安全技术特性,并对从业人员进行专门的安全生产教育和培训				√
		单位主要负责人和安全生产管理人员应接受专门的安全培训教育,经安全生产监督部门对其安全生产知识和管理能力考核合格,取得安全资格证书后方可任职。主要负责人和安全生产管理人员安全资格培训时间不得少于48学时;每年再培训时间不得少于16学时		√		
		单位必须对新上岗的从业人员等进行强制性安全培训,保证其具备本岗位安全操作、自救互救以及应急处置所需的知识和技能后,方能安排上岗作业。新上岗的从业人员安全培训时间不得少于72学时,每年再培训时间不得少于20学时	√			
		从业人员在本单位内调整工作岗位或离岗一年以上重新上岗时,应当重新接受安全培训				
		单位特种作业人员按有关规定参加安全培训教育,取得特种作业操作证,方可上岗作业,并定期复审				
		单位应当将安全培训工作纳入本单位年度工作计划。保证本单位安全培训工作所需资金。单位应建立健全从业人员安全培训档案,详细、准确记录从业人员安全培训考核情况				√

152

附录 A（规范性）基础管理类隐患排查清单

续表

序号	排查项目	排查内容与标准	专项检查 每月/部门	专项检查 季度/部门	综合性检查 半年/单位	综合性检查 年/单位
5	发（承）包工程（含租赁）及劳务派遣工和外来人员安全管理	发（承）包工程项目、租赁项目签订安全管理协议	√		√	
		外包工程应签订正式的工程、劳务承包合同	√		√	
		对承包队伍、租赁公司、劳务派遣公司进行资质审查，严格审查资质和安全生产许可证等	√		√	
		工程开工前对承包队伍、租赁公司、劳务派遣公司，以及售后服务、厂家技术指导、安装调试、试验人员按规定进行安全培训，考试合格和技术交底	√		√	
6	重大危险源管理	完善重大危险源安全管理规章制度，定期更新安全操作规程		√		√
		对设备设施或者场所进行重大危险辨识、安全评估并确定重大危险源等级，建立重大危险源档案（安全管理）并及时更新，按照相关规定及时向政府和上级主管部门备案	√	√		√
		定期对重大危险源的安全监测监控系统进行检测、检验，并进行维护、保养	√		√	
		明确重大危险源的责任人或者责任机构，并对重大危险源的安全生产状况进行定期检查，及时采取措施消除事故隐患	√		√	
		对重大危险源的管理和操作岗位人员进行安全操作技能培训，掌握本岗位的安全操作技能和应急措施	√			√
		制定重大危险源事故应急预案，掌握重大危险源专项应急预案，每年至少进行一次演练计划，对重大危险源专项应急预案，每年至少进行一次			√	√

153

下篇 隐患排查治理

续表

序号	排查项目	排查内容与标准	专项检查 每月/部门	专项检查 季度/部门	综合性检查 半年/单位	综合性检查 年/单位
7	隐患排查治理统计、建档及信息上报	定期进行隐患排查统计分析，隐患排查信息报表由相关负责人签字，并按照要求上报，并按时填报提交至"水利安全生产信息上报系统"	√			
		开展隐患排查工作，对排查出的隐患登记建档，进行整改，实施闭环管理	√		√	
		对隐患排查治理过程进行监督检查，重大隐患实行挂牌督办	√		√	
8	应急管理	制定应急管理制度，建立以主要负责人为安全生产应急管理第一责任人的安全生产应急管理责任体系			√	
		建立预警信息快速发送发布机制				√
		依法设置安全生产应急管理机构，并配备专职或者兼职应急管理人员和建立专（兼）职应急救援队伍				√
		制定应急预案演练计划，根据本单位的事故风险特点，每年至少组织一次综合应急预案演练或者专项应急预案演练，每半年至少组织一次现场处置方案演练		√		
		对应急预案进行定期培训，对重点岗位员工进行培训，组织应急管理能力培训	√		√	
		应急物资、设备专项管理和专项使用，建立台账，配备无线通信设备；易燃易爆区须配备防爆型通信设备，应急疏散指示标志和应急疏散地标识配置合理，生产现场紧急疏散通道通畅通	√		√	
		建立应急预案定期评估制度，定期评估并按照有关规定将修订和完善，并按照有关规定将修订的应急预案报备，根据评估结果及时进行修订和完善				√

154

附录A （规范性）基础管理类隐患排查清单

续表

序号	排查项目	排查内容与标准	专项检查 每月/部门	专项检查 季度/部门	综合性检查 半年/单位	综合性检查 年/单位
		水闸实行定期安全鉴定制度。首次安全鉴定应在竣工验收后5年内进行，以后应每隔10年进行1次全面安全鉴定。运行中遭遇超标准洪水、强烈地震、增水高度超过校核潮位的风暴潮，工程发生重大事故后，应及时进行安全检查，如出现影响安全的异常现象，应及时进行安全鉴定。闸门等单项工程达到折旧年限，应按有关规定和规范适时进行单项安全鉴定				√
9	安全鉴定	1. 泵站有下列情况之一的，应进行全面安全鉴定：①建成投入运行达到20～25年；②全面更新改造投入运行达到15～20年；③前两者规定的时间之后每隔5～10年。 2. 泵站出现下列情况之一的，应进行安全鉴定或专项安全鉴定：①拟列入更新改造计划；②需要扩建增容；③建筑物发生较大险情；④主机组及其他主要设备状态恶化；⑤规划的水情、工情发生较大变化，影响安全运行；⑥遭遇超设计标准的洪水、地震等严重自然灾害；⑦按照SL 510《灌排泵站机电设备报废标准》的规定，设备需报废的；⑧有其他需求的				√
		大坝实行定期安全鉴定制度。首次安全鉴定应在竣工验收后5年进行，以后应每隔6～10年进行一次。运行中遭遇特大洪水、强烈地震，工程发生重大事故或出现影响安全的异常现象后，应组织专门下发整改措施计划				√
10	安全标准化绩效评定和持续改进	每年至少开展一次安全生产标准化自查评估工作，对照标准进行逐条检查核对				√
		形成安全生产标准化自查评估报告，报告内容符合实际				√
		自评估发现问题下发整改措施计划				√
		按照公司要求完成整改项目，并实行闭环管理				√

155

续表

序号	排查项目	排查内容与标准	专项检查 每月/部门	专项检查 季度/部门	综合性检查 半年/单位	综合性检查 年/单位
11	职业健康管理	制定完善并严格执行职业健康管理的制度，配备专职或者兼职的职业卫生管理人员，负责职业健康防治工作				√
		建立职业健康监护档案并定期更新	√		√	
		组织开展职业卫生宣传和教育培训	√		√	
		采用有效的职业病防护设施，并提供符合防治职业病要求的职业病防护用品，建立劳动防护用品发放清册		√	√	
		易产生有毒、有害气体、高温、窒息的房间、受限空间内设置通风措施，工作时采取可靠的安全、检测专项措施		√		
		建立健全交通安全管理规章制度			√	√
12	交通安全管理	定期组织驾驶员进行安全技术培训			√	√
		对外包工程实施交通安全管理	√		√	
		大件运输、大件转场履行有关规程程序，制定搬运方案和专门的安全技术措施、专人负责，并进行全面的安全技术交底	√		√	
		建立各类机动车辆（含电瓶车、叉车、铲车等）清册，车辆经专业检测部门检测合格	√		√	
13	消防管理	建立禁火区动火管理制度及重点防火部位管理规定，在禁火区动火办理动火工作票，严格执行出入登记制度	√		√	
		设置消防器材清册并定期检查、检验	√		√	

注 √表示开展。

附录 B
（规范性）
生产现场类隐患排查清单

表 B.1-1　作业活动隐患排查清单（表样）

危险源			排查内容			日常检查	定期	特别	综合	专项	季节性	重大活动及节假日	事故类比
编号	类型	名称	风险等级	责任单位	序号	名称	作业步骤	排查标准	非调水期每周2次，调水期每天2次/岗位	每月/部门	极端天气、有感地震以及其他影响工程安全的特殊情况等/单位	汛前、汛中、汛后、调水前后、融冰期等/单位	每年两次/单位	单位	按需/单位	按需/单位

157

表 B.1-2　作业活动隐患排查清单示例（××平原水库部分成果）

编号	危险源				排查内容		日常检查	定期	特别	综合	专项	季节性	重大活动及节假日	事故类比
	类型	名称	等级	责任单位	作业步骤	危险源或潜在事件	排查标准							
	作业活动类	大坝、供水洞等枢纽工程巡查	三级风险	××平原水库管理处	名称		非调水期每周2次，调水期每天2次/岗位	每月/部门	极端天气、有感地震以及其他工程影响安全的特殊情况等/单位	汛前、汛中、汛后、调水前后、冰冻和融冰期等/单位	每年两次/单位	单位	按需/单位	按需/单位
					序号									
1					1	巡查前准备	检查项目和内容不全面	√	√	√	√	√	√	√
						管控措施	技术措施	检查对照工程检查巡查、维修养护制度			√			
							管理措施	班组						
							培训教育措施							
							个体防护措施							
							应急处置措施							

附录 B （规范性）生产现场类隐患排查清单

续表

编号	危险源			排查内容			日常检查	定期	排查类型			季节性	重大活动及节假日	事故类比
	类型	名称	等级	责任单位	作业步骤		排查标准			特别	综合	专项			
					序号	名称	管控措施								
1	作业活动类	大坝、供水洞等枢纽工程巡查	三级风险	××平原水库管理处	1	巡查前准备		非调水期每周2次，调水期每天2次/岗位	每月/部门	极端天气、有感地震以及其他影响工程安全的特殊情况等/单位	汛前、汛中、汛后、调水前后、冰冻和融冰期等/单位	每年两次/单位	按需/单位	按需/单位	按需/单位
							技术措施	技术负责人审批后执行							
							管理措施				√				√
							培训教育措施								
							个体防护措施								
							应急处置措施								

159

续表

危险源					排查内容		日常检查	定期	特别	综合	专项	季节性	重大活动及节假日	事故类比
编号	类型	名称	等级	责任单位	序号	名称	作业步骤	危险源或潜在事件	管控措施	排查标准								
1	作业活动类	大坝、供水洞等枢纽工程巡查	三级风险	××平原水库管理处	1	巡查前准备				未制定检查方案	非调水期每周2次，调水期每天2次/岗位	每月/部门	极端天气、有感地震以及其他影响工程安全的特殊情况等/单位	汛前、汛中、汛后、调水前后、冰冻和融冰期等/单位	每年两次/单位	/单位	按需/单位	按需/单位
									技术措施	编制工程检查巡查、维修养护制度				√				
								班组	管理措施									√
									培训教育措施									
									个体防护措施									
									应急处置措施									

附录B （规范性）生产现场类隐患排查清单

续表

危险源				排查内容		日常检查	定期	特别	综合	专项	季节性	重大活动及节假日	事故类比
编号	类型	名称	等级	责任单位	序号	名称	作业步骤	排查标准								
1	作业活动类	大坝、供水洞等枢纽工程巡查	三级风险	××平原水库管理处	1	巡查前准备	岗位	管控措施	技术措施	技术负责人审批后执行	非调水期每周2次，调水期每天2次/岗位	每月/部门	极端天气、有感地震以及其他工程影响安全的特殊情况等/单位	汛前、汛中、汛后、调水前后、冰冻和融冰期等/单位	每年两次/单位	单位	按需/单位	按需/单位
								管理措施						√				
								培训教育措施										
								个体防护措施										√
								应急处置措施										

161

续表

危险源				排查内容			日常检查	定期	特别	综合	专项	季节性	重大活动及节假日	事故类比
编号	类型	名称	等级	责任单位	序号	名称	作业步骤	危险源或潜在事件	管控措施	排查标准								

编号	类型	名称	等级	责任单位	序号	名称	作业步骤	危险源或潜在事件	管控措施	排查标准	日常检查	定期	特别	综合	专项	季节性	重大活动及节假日	事故类比
1	作业活动类	大坝、供水洞等枢纽工程巡查	二级风险	××平原水库管理处	2	巡查		巡查有疏漏	技术措施		非调水期每周2次,调水期每天2次/岗位	每月/部门	极端天气、有感地震以及其他影响工程安全的特殊情况等/单位	汛前、汛中、汛后、调水前后、冰冻和融冰期等/单位	每年两次/单位	单位	按需/单位	按需/单位
									管理措施	1. 组织编制工程检查巡查、维修养护制度。 2. 开展汛前、汛中、汛后、调水前后、冰冻和融冰期及重大节假日的综合检查。 3. 开展极端天气、有感地震、库水位骤升骤降、以及其他影响大坝及供水洞安全的特殊情况时的特别检查				√			√

附录B （规范性）生产现场类隐患排查清单

续表

危险源				作业步骤		排查内容	排查标准	日常检查	定期	特别	综合	专项	季节性	重大活动及节假日	事故类比
编号	类型	名称	等级	责任单位	序号	名称									
1	作业活动类	大坝、供水洞等枢纽工程巡查	二级风险	××平原水库管理处	2	巡查部门	管控措施	培训教育措施	组织开展《土石坝安全监测技术规范》《南水北调东线山东段平原水库安全监测规程（修订）》《大屯水库工程安全监测实施细则（修订版）》《南水北调东线山东干线水库维修养护标准》《管理制度规程》等培训	非调水期每周2次，调水期每天2次/岗位	每月/部门	极端天气、有感地震以及其他影响工程安全的特殊情况/单位	汛前、汛中、汛后、调水前后、冰冻和融冰期等/单位	每年两次/单位	单位	按需/单位	√
								个体防护措施	配备救生衣、防滑鞋及防暑、防寒等防护用品				√				√
								应急处置措施	1.组织编制防溺水事故现场处置方案。2.接到应急救援、预判后上报管理局				√				√

163

下篇 隐患排查治理

续表

危险源			责任单位	作业步骤		排查内容		日常检查	定期	特别	综合	专项	季节性	重大活动及节假日	事故类比
编号	类型	名称	等级		序号	名称	排查标准								
1	作业活动类	大坝、供水洞等枢纽工程巡查	二级风险	××平原水库管理处	2	班组巡查	管控措施	技术措施	非调水期每周2次，调水期每天2次/岗位	每月/部门	极端天气，有感地震以及其他影响工程安全的特殊情况等/单位	汛前、汛中、汛后、调水前后、冰冻和融冰期等/单位	每年两次/单位	单位	按需/单位	按需/单位
								管理措施：1. 编制工程检查巡查、维修养护制度。2. 设置"水深危险""禁止入内"等警示标志。3. 做好养护单位的监管工作。4. 每周组织一次专项检查。5. 参加汛前、汛中、汛后、调水前后、冰冻和融冰期及重大节假日的综合检查。6. 参加极端天气，有感地震、库水位骤升骤降、以及其他特殊情况影响大坝安全时的特别检查							√		√

164

附录 B （规范性）生产现场类隐患排查清单

续表

危险源				排查内容			日常检查	定期	特别	综合	专项	季节性	重大活动及节假日	事故类比
编号	类型	名称	等级	责任单位	序号	名称	作业步骤	排查标准						
1	作业活动类	大坝、供水洞等枢纽工程巡查	二级风险	××平原水库管理处	2	巡查	管控措施	班组	非调水期每周2次，调水期每天2次/岗位	每月/部门	极端天气、有感地震以及其他影响工程安全的特殊情况等/单位	汛前、汛中、汛后、调水前后、冰冻和融冰期等/单位	每年两次/单位	单位	按需/单位	按需/单位
								培训教育措施	进行《土石坝安全监测技术规范》《南水北调东线山东段平原水库工程安全监测规程（修订）》《大屯水库工程安全监测实施细则（修订版）》《南水北调东线干线水库工程管理和维修养护标准》《南水北调东线山东干线水工程管理等制度规程培训			√				
								个体防护措施	检查岗位责任人救生衣、防滑鞋用品的佩戴情况	√			√			√
								应急处置措施	定期开展应急演练				√			√

165

续表

危险源				排查内容			日常检查	定期	特别	综合	专项	季节性	重大活动及节假日	事故类比
编号	类型	名称	等级	责任单位	作业步骤	名称	排查标准							
1	作业活动类	大坝、供水洞等枢纽工程巡查	二级风险	××平原水库管理处	1	巡查岗位	技术措施	非调水期每周2次，调水期每天2次/岗位	每月部门	极端天气、有感地震以及其他影响工程安全的特殊情况等/单位	汛前、汛中、汛后、调水前后、冰冻和融冰期等/单位	每年两次/单位	单位	按需/单位	按需/单位
					2		管理措施	1.巡视检查：日常巡视检查一般每天1次；参与专项巡查及特殊检查、年度检查。2.巡视检查后认真填写巡查检查记录。3.检查"水深危险""禁止入内"等警示标志是否齐全完好			√				√

附录 B （规范性）生产现场类隐患排查清单

续表

危险源			作业步骤	排查内容		日常检查	定期	特别	综合	专项	季节性	重大活动及节假日	事故类比
编号	类型	名称	等级	责任单位	序号	名称	管控措施	排查标准								

编号	类型	名称	等级	责任单位	序号	名称	管控措施	排查标准	日常检查	定期	特别	综合	专项	季节性	重大活动及节假日	事故类比
1	作业活动类	大坝、供水洞等枢纽工程巡查	二级风险	××平原水库管理处	2	巡查岗位	培训教育措施	1. 参加管理处组织的培训。 2. 学习《土石坝安全监测技术规范》《南水北调东线山东段平原水库工程安全监测规程（修订）》《大屯水库工程安全监测实施细则（修订版）》《南水北调东线山东干线水库工程管理和维修养护标准》等制度规程	非调水期每周2次，调水期每天2次/岗位	每月/部门	极端天气、有感地震以及其他影响工程安全的特殊情况等/单位	汛前、汛后、汛中、调水前后、冰冻和融冰期等/单位	每年两次/单位	单位	按需/单位	√
							个体防护措施	正确穿戴救生衣、防滑鞋	√			√				√
							应急处置措施	参加演练				√				√

167

续表

危险源				排查内容		日常检查	定期	特别	综合	专项	季节性	重大活动及节假日	事故类比
编号	类型	名称	等级	责任单位	序号	名称	作业步骤	危险源或潜在事件	管控措施 岗位	排查标准								

编号	类型	名称	等级	责任单位	序号	名称	作业步骤	危险源或潜在事件	管控措施岗位	排查标准	日常检查	定期	特别	综合	专项	季节性	重大活动及节假日	事故类比
1	作业活动类	大坝、供水洞等枢纽工程巡查	四级风险	××平原水库管理处	2	巡查					非调水期每周2次，调水期每天2次/岗位	每月/部门	极端天气、有感地震以及其他影响工程安全的特殊情况等/单位	汛前、汛中、汛后，调水前后、冰冻和融冰期等/单位	每年两次/单位	√	按需/单位	按需/单位
										未作记录或记录错误	√	√	√		√			
								技术措施					√					
								管理措施		巡视检查后认真填写检查记录				√				√
								培训教育措施			√							
								个体防护措施		正确穿戴工作服、安全帽、防滑鞋。夏季穿戴遮阳帽，做好防暑降温措施						√		
								应急处置措施										

附录 B （规范性）生产现场类隐患排查清单

续表

编号	危险源类型	危险源名称	等级	责任单位	序号	名称	作业步骤	危险源或潜在事件	排查内容 排查标准		日常检查	定期	特别	综合	专项	季节性	重大活动及节假日	事故类比
1	作业活动类	大坝、供水洞等枢纽工程巡查	四级风险	××平原水库管理处	2	巡查		发现异常，未进行复查			非调水期每周2次，调水期每天2次/岗位	每月/部门	极端天气、有感地震以及其他影响工程安全的特殊情况等/单位	汛前、汛中、汛后、调水前后和融冰期等/单位	每年两次/单位	单位	按需/单位	按需/单位
							管控措施	技术措施	巡视检查后认真填写检查记录		√	√	√	√	√	√	√	
								管理措施										√
								培训教育措施			√							
							岗位	个体防护措施	正确穿戴工作服、安全帽、防滑鞋，夏季穿戴遮阳帽，做好防暑降温措施					√				√
								应急处置措施										

169

续表

危险源				排查内容		排查标准	日常检查	定期	特别	综合	专项	季节性	重大活动及节假日	事故类比
编号	类型	名称	等级	责任单位	序号	名称	作业步骤	危险源或潜在事件	管控措施								
1	作业活动类	大坝、供水洞等枢纽工程巡查	四级风险	××平原水库管理处	2	巡查			岗位	未记录和汇报	巡视检查后认真填写检查记录	非调水期每周2次，调水期每天2次/岗位	每月/部门	极端天气、有感地震以及其他影响工程安全的特殊情况等/单位	汛前、汛中、汛后、调水前后、冰冻和融冰期等/单位	每年两次/单位	单位	按需/单位	按需/单位
									技术措施			√	√	√	√	√	√	√	√
									管理措施										
									培训教育措施			√			√				
									个体防护措施	正确穿戴工作服，安全帽、防滑鞋。夏季穿戴遮阳帽，做好防暑降温措施					√				
									应急处置措施										

170

附录 B （规范性）生产现场类隐患排查清单

续表

编号	危险源			排查内容				日常检查	定期	特别	综合	专项	季节性	重大活动及节假日	事故类比
^	类型	名称	等级	责任单位	序号	名称	排查标准								
						作业步骤	危险源或潜在事件									
								管控措施	岗位							
1	作业活动类	大坝、供水洞等枢纽工程巡查	四级风险	××平原水库管理处	3	报告存档	未及时上报		非调水期每周2次，调水期每天2次/岗位	每月/部门	极端天气、有感地震以及其他影响工程安全的特殊情况等/单位	汛前、汛中、汛后、调水前后、冰冻和融冰期等/单位	每年两次/单位	单位	按需/单位	按需/单位
							技术措施		√	√	√	√	√	√	√	√
							管理措施									
							培训教育措施									
							个体防护措施									
							应急处置措施									

171

续表

危险源				排查内容		日常检查	定期	特别	综合	专项	季节性	重大活动及节假日	事故类比
编号	类型 作业活动类	名称	等级	责任单位	序号	名称	作业步骤	危险源或潜在事件	管控措施	排查标准	非调水期每周2次，调水期每天2次/岗位	每月/部门	极端天气、有感地震以及其他影响工程安全的特殊情况等/单位	汛前、汛中、汛后、调水前后和融冰期等/单位	每年两次/单位	单位	按需/单位	按需/单位
1	大坝、供水洞等枢纽工程巡查		三级风险	××平原水库管理处	3	报告存档		未做检查报告，发现问题未向主管部门报告		未做检查报告	√	√	√					
									技术措施									
								班组 管控措施	管理措施									
									培训教育措施									
									个体防护措施									
									应急处置措施									

172

附录 B （规范性）生产现场类隐患排查清单

续表

危险源				排查内容		排查标准								事故类比
编号	类型	名称	等级	责任单位	序号	名称	作业步骤	管控措施	日常检查	定期	特别	综合	专项	季节性	重大活动及节假日	
	作业活动类	大坝、供水洞等枢纽工程巡查	三级风险	××平原水库管理处				岗位	非调水期每周2次、调水期每天2次/岗位	每月/部门	极端天气、有感地震以及其他影响工程安全的特殊情况等/单位	汛前、汛后、汛中、调水前后、冰冻和融冰期等/单位	每年两次/单位	单位	按需/单位	按需/单位
1					3	报告存档		技术措施								
								管理措施								
								培训教育措施								
								个体防护措施								
								应急处置措施								

173

表 B.1-3 设备设施隐患排查清单（表样）

编号	风险点				排查内容			日常检查	定期	特别	综合	专项	季节性	重大活动及节假日	事故类比	专业诊断性
	类型	名称	风险等级	责任单位	序号	名称	检查项目	排查标准									
								非汛期（非引水期）：每周至少2次；汛期（引水期）：每天至少1次/岗位	半年/单位	汛前、汛后、暴雨、大洪水、有感地震、强热带风暴、供水期前后、冰冻期或持续高水位等/部门	每年1次/单位	每年2次/部门	部门	按需/单位	按需/部门	首次运行5年内，以后每6~10年一次安全鉴定/单位

附录 B （规范性）生产现场类隐患排查清单

表 B.1－4 设备设施隐患排查清单（××平原水库部分成果）

编号	风险点 类型	风险点 名称	风险点 等级	责任单位	序号	名称	检查项目	排查内容 排查标准	日常检查	定期	特别	综合	专项	季节性	重大活动及节假日	事故类比	专业诊断性
1	设备设施	围坝坝体	二级风险	××平原水库管理处	1	坝顶及防浪墙	工程标准	无裂缝、异常变形、积水或植物滋生等现象；排水系统无堵塞、淤积或损坏；路缘石完整；灯柱无歪斜、线路和照明设备完好；防浪墙结构无开裂、松动、架空、变形和倾斜等情况；无堆放杂物等违规现象	非汛期（非引水期）：每周至少2次；汛期（引水期）：每天至少1次/岗位	半年/单位	汛前、汛后、暴雨、大洪水、有感地震、热带风暴、强供水期前后、冰冻期或持续高水位等/部门	每年1次/单位	每年2次/部门	部门	按需/单位	按需/部门	首次运行5年内，以后每6~10年一次安全鉴定/单位
							管控部门措施	技术措施	1. 组织编制工程检查巡查、维修养护制度。2. 开展汛前、汛中、汛后，调水前后，冰冻期和融冰期及重大节假日的综合检查。3. 开展水位骤升骤降、有感地震、库水位骤升骤降、有感地震，以及其他影响大坝安全的特殊情时的特别检查	√	√	√	√	√	√	√	√	√
								管理措施									

175

续表

风险点				排查内容		检查频次							
编号	类型	名称	等级	责任单位	序号	名称	检查项目	排查标准	日常检查	定期	特别	综合	专项	季节性	重大活动及节假日	事故类比	专业诊断性
1	设备设施	围坝坝体	二级风险	××平原水库管理处	1	坝顶及防浪墙	管控措施部门		非汛期（非引水期）：每周至少2次；汛期（引水期）：每天1次/岗位	半年/单位	汛前、汛后、暴雨、大洪水、有感地震、热带风暴、供水期前或持续冻期、冰期、高水位等/部门	每年1次/单位	每年2次/部门	部门	按需/单位	按需/部门	首次运行5年内，以后每6~10年一次安全鉴定/单位
							培训教育措施	组织开展《土石坝安全监测技术规范》《南水北调山东段平原水库工程安全监测实施细则（修订）》《大屯水库工程安全监测实施细则（修订版）》《南水北调东线山东干线水库工程管理和维修养护标准》等规程培训	√								
							个体防护措施	配备救生衣、防滑鞋、防寒等防护用品				√	√			√	
							应急处置措施	1. 组织编制滑坡、管涌现场处置方案。2. 接到应急信息，组织救援，预判后上报管理局。3. 配备水库防汛物资				√			√	√	

附录 B （规范性）生产现场类隐患排查清单

续表

风险点				排查内容		排查标准	日常检查	定期	特别	综合	专项	季节性	重大活动及节假日	事故类比	专业诊断性
编号	类型	名称	等级	责任单位	序号	名称	检查项目								
1	设备设施	围坝坝体	二级风险	××平原水库管理处	1	坝顶及防浪墙	管控措施	非汛期（非引水期）：每周至少2次；汛期（引水期）：每天至少1次/岗位	半年/单位	汛前、汛后、暴雨、大洪水、有感地震、热带风暴、强供水期前后、冰冻期或持续高水位等/部门	每年1次/单位	每年2次/部门	部门	按需/单位	按需/部门	首次运行5年内，以后每6～10年一次安全鉴定/单位
							技术措施								
							管理措施 1. 编制工程检查巡查、维修养护制度。 2. 设置"水深危险""禁止人内"等警示标志。 3. 做好养护单位的监管工作。 4. 每周组织一次专项检查。 5. 参加汛前、汛中、汛后、调水期后、冰冻和融冰期及重大节假日的综合检查。 6. 参加极端天气、有感地震、库水位骤升骤降，以及其他影响大坝安全情况时的特别检查。							√	√	√

177

续表

风险点				排查内容		检查项目	日常检查	定期	特别	综合	专项	季节性	重大活动及节假日	事故类比	专业诊断性
编号	类型	名称	等级	责任单位	序号	名称									
1	设备设施	围坝坝体	二级风险	××平原水库管理处	1	坝顶及防浪墙	非汛期（非引水期）：每周至少2次；汛期（引水期）：每天至少1次/岗位	半年/单位	汛前、汛后、暴雨、大洪水、有感地震、强热带风暴、供水期前或持续冻期、冰期高水位等/部门	每年1次/单位	每年2次/部门	按需/部门	按需/单位	按需/部门	首次运行5年内，以后每6~10年一次安全鉴定/单位
						管控措施	培训教育措施	进行《土石坝安全监测技术规范》《南水北调东线山东段平原水库工程安全监测规程（修订）》《大屯水库工程安全监测实施细则（修订版）》《南水北调东线山东干线水库工程管理和维修养护标准》等制度规程培训			√					
							个体防护措施	检查岗位责任人救生衣、防滑鞋用品的佩戴情况			√			√	√	
							应急处置措施	每年开展1次应急演练				√		√	√	

附录B （规范性）生产现场类隐患排查清单

续表

风险点			排查内容			日常检查	定期	特别	综合	专项	季节性	重大活动及节假日	事故类比	专业诊断性
编号	类型	名称	等级	责任单位	序号	名称	检查项目	排查标准						
									非汛期（非引水期）：每周至少2次；汛期（引水期）：每天至少1次/岗位	半年/单位	汛前、汛后、暴雨、大洪水、有感地震、热带风暴、强供水期前后、冰冻期或持续高水位等/部门	每年1次/单位	每年2次/部门	部门	按需/单位	按需/部门	首次运行5年内，以后每6～10年一次安全鉴定/单位
1	设备设施	围坝坝体	二级风险	××平原水库管理处	1	坝顶及防浪墙	技术措施	1.巡视检查：日常巡视检查一般每天1次；参与专项巡检查、年度检查及特殊检查。2.巡视检查后认真填写检查记录。3.检查"水深危险""禁止人内"等警示标志是否齐全完好				√			√	√	
							管理措施									
							管控岗位									

179

续表

编号	风险点			检查项目		排查内容	排查标准	日常检查	定期	特别	综合	专项	季节性	重大活动及节假日	事故类比	专业诊断性
	责任单位	等级	名称	类型	名称											
1	××平原水库管理处	二级风险	围坝坝体	设备设施	坝顶及防浪墙			非汛期（非引水期）：每周至少2次；汛期（引水期）：每天至少1次/岗位	半年/单位	汛前、汛后、大洪水、暴雨、有感地震、热带风暴、强水期前后、冻期或持续高水位等/部门	每年1次/单位	每年2次/部门	按需/部门	按需/单位	按需/部门	首次运行5年内，以后每6~10年一次安全鉴定/单位
				管控措施	培训教育措施	1. 参加管理处组织的培训。2. 学习《土石坝安全监测技术规范》《南水北调东线山东段平原水库安全监测规程（修订）》《大屯水库工程安全监测实施细则（修订版）》《南水北调东线山东干线水库工程管理和维修养护标准》等制度规程		√			√			√	
					个体防护措施	正确穿戴救生衣、防滑鞋								√	√	
					应急处置措施	参加演练					√	√			√	

附录 B （规范性）生产现场类隐患排查清单

续表

编号	风险点类型	风险点名称	风险点等级	责任单位	序号	名称	检查项目	排查内容 排查标准		日常检查	定期	特别	综合	专项	季节性	重大活动及节假日	事故类比	专业诊断性
1	设备设施	围坝坝体	二级风险	××平原水库管理处	2	坝体与岸坡连接处	工程标准	坝端与岸坡连接情况，开裂及渗水等情况；两岸坝端连接段无裂缝、滑动、崩塌、溶蚀、隆起、塌坑、异常渗水和蚁穴、兽洞等		非汛期（非引水期）：每周至少2次；汛期（引水期）：每天至少1次/岗位	半年/单位	汛前、汛中、汛后、暴雨、大洪水、有感地震、热带风暴、强供水期前或持续冻期、冰水期高水位等	每年1次/单位	每年2次/部门	部门	按需/单位	按需/部门	首次运行5年内，以后每6～10年一次安全鉴定/单位
							管控措施	技术措施	组织编制工程检查巡查、维修养护制度。	√	√	√	√	√		√	√	√
								管理措施	1. 开展汛前、汛中、汛后，冰冻和融冰期的综合检查。2. 开展极端天气、有感地震、大节假日的综合检查。3. 开展水位骤升骤降、库水位骤升骤降，以及其他影响大坝安全的特殊情况时的特别检查									

181

续表

风险点			检查项目		排查内容		日常检查	定期	特别	综合	专项	季节性	重大活动及节假日	事故类比	专业诊断性
编号	类型	名称	等级	责任单位	名称	序号			排查标准						
1	设备设施	围坝坝体	二级风险	××平原水库管理处	坝体号岸坡连接处	2	管控部门		组织开展《土石坝安全监测技术规范》《南水北调东线山东段平原水库工程安全监测实施细则(修订版)》《南水北调东线山东干线水库工程管理和维修养护标准》等制度规程培训	非汛期(非引水期):每周至少2次;汛期(引水期):每天至少1次/岗位	半年/单位	汛前、汛后、暴雨、大洪水、有感地震、强热带风暴、供水前后、冰冻期或持续高水位等/部门	每年1次/单位	每年2次/部门	部门	按需/单位	按需/部门	首次运行5年内,以后每6~10年一次安全鉴定/单位
							培训教育措施						√				
							个体防护措施	配备救生衣、防滑鞋及防暑、防寒等防护用品		√		√	√		√	
							应急处置措施	1. 组织编制滑坡、管涌现场处置方案。 2. 接到应急信息、组织救援,预判后上报管理局。 3. 配备水库防汛物资				√		√		√	

附录 B （规范性）生产现场类隐患排查清单

续表

风险点				排查内容		日常检查	定期	特别	综合	专项	季节性	重大活动及节假日	事故类比	专业诊断性
编号	类型	名称	等级	责任单位	序号	检查项目名称	排查标准							
							技术措施	非汛期（非引水期）：每周至少2次；汛期（引水期）：每天至少1次/岗位	半年/单位	汛前、汛后、暴雨、大洪水、有感地震、热带风暴、供水期前后、冰冻期或持续高水位等/部门	每年1次/单位	每年2次/部门	按需/单位	按需/部门	首次运行5年内，以后每6～10年一次安全鉴定单位
1	设备设施	围坝坝体	二级风险	××平原水库管理处	2	坝体与岸坡连接处	管理措施：1.编制工程检查巡查、维修养护制度。 2.设置"水深危险""禁止入内"等警示标志。 3.做好养护单位的监管检查。 4.每周组织一次专项检查。 5.参加汛前、汛中、汛后、调水前后，冰冻期及重大节日的综合检查。 6.参加极端天气、有感地震、库水位骤升骤降，以及其他影响大坝安全情况时的特别检查				✓		✓	✓	
							管控措施：班组								

183

续表

编号	风险点类型	风险点名称	风险点等级	责任单位	序号	名称	检查项目	排查内容		日常检查	定期	特别	综合	专项	季节性	重大活动及节假日	事故类比	专业诊断性
								排查标准										
										非汛期（非引水期）：每周至少2次；汛期（引水期）：每天至少1次/岗位	半年/单位	汛前、汛后、大洪水、暴雨、有感地震、热带风暴、强供水期前后、冰冻期或持续高水位等/部门	每年1次/单位	每年2次/部门	部门	按需/单位	按需/部门	首次运行5年内，以后每6～10年一次安全鉴定/单位
1	设备设施	围坝坝体	二级风险	××平原水库管理处	2	坝体与岸坡连接处	管控措施	培训教育措施	进行《土石坝安全监测技术规范》《南水北调东线山东段平原水库工程安全监测规程（修订）》《大屯水库工程安全监测实施细则（修订版）》《南水北调东线山东干线水库工程管理和维修养护标准》等制度规程培训				√	√			
								个体防护措施	检查岗位责任人救生衣、防滑鞋用品的佩戴情况	√							
								应急处置措施	每年开展一次应急演练				√			√	√

附录 B （规范性）生产现场类隐患排查清单

续表

编号	风险点 类型	风险点 名称	风险点 等级	责任单位	排查内容 序号	排查内容 名称	排查内容 检查项目	排查标准	日常检查	定期	特别	综合	专项	季节性	重大活动及节假日	事故类比	专业诊断性
1	设备设施	围坝坝体	二级风险	××平原水库管理处	2	坝体与岸坡连接处	管控措施 技术措施		非汛期（非引水期）：每周至少2次；汛期（引水期）：每天至少1次/岗位	半年/单位	汛前、汛后、暴雨、大洪水、有感地震、热带风暴、强供水期前后、冰冻期或持续高水位等/部门	每年1次/单位	每年2次/部门	按需/部门	按需/单位	按需/部门	首次运行5年内，以后每6~10年一次安全鉴定/单位
							管理措施	1. 巡视检查：日常巡视检查一般每天1次；参与专项巡视检查、年度检查及特殊检查。2. 巡视检查后认真填写检查记录。3. 检查"水深危险""禁止人内"等警示标志是否齐全完好				√			√	√	

185

续表

风险点			排查内容			日常检查	定期	特别	综合	专项	季节性	重大活动及节假日	事故类比	专业诊断性
编号	类型	名称	等级	责任单位	序号	名称	检查项目	排查标准						
									非汛期（非引水期）：每周至少2次；汛期（引水期）：每天至少1次/岗位	半年/单位	汛前、汛后、暴雨、大洪水、有感地震、热带风暴、强供水前或持续高水位、冰冻期等/部门	每年1次/单位	每年2次/部门	部门	按需/单位	按需/部门	首次运行5年内，以后每6~10年一次安全鉴定/单位
1	设备设施	围坝坝体	二级风险	××平原水库管理处	2	坝体与岸坡连接处	管控措施	培训教育措施	1.参加管理处组织的培训。2.学习《土石坝安全监测技术规范》《南水北调东线山东段平原水库安全监测规程（修订版）》《大屯水库工程安全监测实施细则（修订版）》《南水北调东线山东干线水库工程管理和维修养护标准》等制度规程	√							
								个体防护措施	正确穿戴救生衣、防滑鞋				√	√		√	√
								应急处置措施	参加演练				√			√	√

附录B （规范性）生产现场类隐患排查清单

续表

编号	风险点			排查内容				日常检查	定期	特别	综合	专项	季节性	重大活动及节假日	事故类比	专业诊断性
	类型	名称	等级	责任单位	检查项目	名称	排查标准									
1	设备设施	围坝坝体	二级风险	××平原水库管理处	3	坝体与建筑物连接处	工程标准	无错动、开裂、滑动、滑坡、崩塌及渗水等情况	非汛期（非引水期）：每周至少2次；汛期（引水期）：每天至少1次/岗位	半年/单位	汛前、汛后、暴雨、大洪水、有感地震、热带风暴、强供水期前后、冰冻期或持续高水位等/部门	每年1次/单位	每年2次/部门	部门	按需/单位	按需/部门	首次运行5年内，以后每6~10年一次安全鉴定/单位
					管控措施部门	技术措施				√	√	√		√	√	√	√
						管理措施	1. 组织编制工程检查巡查、维修养护制度。 2. 开展汛前、汛中、汛后、调水前后、冰冻和融冰期及重大节假日的综合检查。 3. 开展水位骤升骤降、有感地震、库水位极端升降，以及其他影响大坝安全特殊情况时的特别检查						√				√

187

续表

风险点			检查项目	排查内容	排查标准	日常检查	定期	特别	综合	专项	季节性	重大活动及节假日	事故类比	专业诊断性
编号	类型	名称	等级	责任单位	序号	名称								
1	设备设施	围坝坝体	二级风险	××平原水库管理处	3	坝体与建筑物连接处	管控部门		非汛期（非引水期）：每周至少2次；汛期（引水期）：每天至少1次/岗位	半年/单位	汛前、汛后、暴雨、大洪水、有感地震、热带风暴、强供水期前后、冰冻期或持续高水位等/部门	每年1次/单位	每年2次/部门	按需/部门	按需/单位	按需/部门	首次运行5年内，以后每6~10年一次安全鉴定/单位
						培训教育措施		组织开展《土石坝安全监测技术规范》《南水北调工程山东段平原水库工程安全监测（修订）》《大屯水库工程安全监测实施细则（修订版）》《南水北调东线山东干线水库工程管理和维修养护标准》等制度规程培训				√			√	
						个体防护措施		配备救生衣，防滑鞋及防暑、防寒防护用品	√						√	
						应急处置措施		1. 组织编制滑坡、管涌现场处置方案。2. 接到应急信息，组织救援，预判后上报管理局。3. 配备水库防汛物资					√		√	√	

附录 B （规范性）生产现场类隐患排查清单

续表

风险点			排查内容		日常检查	定期	特别	综合	专项	季节性	重大活动及节假日	事故类比	专业诊断性
编号	类型	名称	等级	责任单位	序号	名称	检查项目	排查标准								

编号	类型	名称	等级	责任单位	序号	名称	检查项目		排查标准	日常检查	定期	特别	综合	专项	季节性	重大活动及节假日	事故类比	专业诊断性
1	设备设施	围坝坝体	二级风险	××平原水库管理处	3	坝体与建筑物连接处	技术措施			非汛期（非引水期）：每周至少2次；汛期（引水期）：每天至少1次/岗位	半年/单位	汛前、汛中、汛后，暴雨、大洪水、有感地震、强热带风暴、供水期前后、冰冻期或持续高水位等/部门	每年1次/单位	每年2次/部门	部门	按需/单位	按需/部门	首次运行5年内，以后每6~10年一次安全鉴定/单位
							管控措施	管理措施	1.编制工程检查巡查、维修养护制度。2.设置"水深危险""禁止入内"等警示标志。3.做好养护单位的监管工作。4.每周组织一次专项检查。5.参加汛前、汛中、汛后，调水前后，汛冻和融冰期及重大节假日的综合检查。6.参加库水位骤升骤降、有感地震、极端天气，以及其他影响大坝安全特殊情况时的特别检查					✓		✓	✓	

189

续表

风险点				排查内容		日常检查	定期	特别	综合	专项	季节性	重大活动及节假日	事故类比	专业诊断性
编号	类型	名称	等级	责任单位	序号	检查项目名称	排查标准							
1	设备设施	围坝坝体	二级风险	××平原水库管理处	3	坝体与建筑物连接处	进行《土石坝安全监测技术规范》《南水北调东线山东段平原水库工程安全监测规程（修订）》《大屯水库工程安全监测实施细则》《南水北调东线山东干线水库工程管理和维修养护标准》等制度规程培训	非汛期（非引水期）：每周至少2次；汛期（引水期）：每天至少1次/岗位	半年/单位	汛前、汛后、暴雨、大洪水、有感地震、强热带风暴、供水期前后、冰冻期或持续高水位等/部门	每年1次/单位	每年2次/部门	部门	按需/单位	按需/部门	首次运行5年内，以后每6～10年一次安全鉴定/单位
						管控措施				✓				✓	
						班组			✓		✓	✓		✓	
						培训教育措施									
						个体防护措施	检查岗位责任人救生衣、防滑鞋用品的佩戴情况	✓							
						应急处置措施	每年开展一次应急演练				✓			✓	✓

附录 B （规范性）生产现场类隐患排查清单

续表

风险点			排查内容			日常检查	定期	特别	综合	专项	季节性	重大活动及节假日	事故类比	专业诊断性
编号	类型	名称	等级	责任单位	序号	名称	检查项目	排查标准						
								技术措施	管理措施					
1	设备设施	围坝坝体	二级风险	××平原水库管理处	3	坝体与建筑物连接处	管控措施岗位	1.巡视检查：日常巡视检查一般每天1次；参与专项巡视检查、年度检查及特殊检查。 2.巡视检查后认真填写检查记录。 3.检查"水深危险""禁止入内"等警示标志是否齐全完好		非汛期（非引水期）：每周至少2次；汛期（引水期）：每天至少1次/岗位	半年/单位	汛前、汛后、暴雨、大洪水、有感地震、热带风暴、强降水期前后、冰冻期或持续高水位等/部门	每年1次/单位	每年2次/部门	部门	按需/单位	按需/部门	首次运行5年内，以后每6~10年一次安全鉴定/单位
													√	√	√		

191

续表

风险点			检查项目		排查内容	日常检查	定期	特别	综合	专项	季节性	重大活动及节假日	事故类比	专业诊断性
编号	类型	名称	序号	名称	排查标准									
责任单位	等级					非汛期（非引水期）：每周至少2次；汛期（引水期）：每天至少1次/岗位	半年/单位	汛前、汛后、暴雨、大洪水、有感地震、热带风暴、强供水期前后或持续高水位、冰冻期等	每年1次/单位	每年2次/部门	部门	按需/单位	按需/部门	首次运行5年内，以后每6~10年一次安全鉴定/单位
1	设备设施	围坝坝体												
××平原水库管理处	二级风险		3	坝体与建筑物连接处	管控措施									
					培训教育措施：1. 参加管理处组织的培训。2. 学习《土石坝安全监测技术规范》《南水北调东线山东段平原水库工程安全监测规程（修订）》《大屯水库工程安全监测实施细则（修订版）》《南水北调东线山东干线水库管理和维修养护标准》等制度规程	√			√					
					个体防护措施：正确穿戴救生衣、防滑鞋					√			√	
					应急处置措施：参加演练								√	

192

附录B （规范性）生产现场类隐患排查清单

续表

风险点				编号	检查项目	排查内容	排查标准	日常检查	定期	特别	综合	专项	季节性	重大活动及节假日	事故类比	专业诊断性
类型	名称	等级	责任单位	序号	名称											
设备设施	围坝安全监测设备	二级风险	××平原水库管理处	1	渗流监测设备	工程标准	布设、监测应符合《土石坝安全监测技术规范》(SL 551—2012)第5章节的规定。监测资料整编与分析应符合《土石坝安全监测技术规范》(SL 551—2012)第9章节的规定。年渗漏量小于447万 m^3	非汛期（非引水期）：每周至少2次；汛期（引水期）：每天至少1次/岗位	半年/单位	汛前、汛后、暴雨、大洪水、有感地震、强热带风暴、供水期前后或持续冻期高水位等/部门	每年1次/单位	每年2次/部门	部门	按需/单位	按需/部门	首次运行5年内，以后每6～10年一次安全鉴定/单位
				2		管控部门措施	技术措施	✓	✓	✓	✓	✓	✓	✓	✓	
							管理措施				✓					
							培训教育措施	✓								
							组织编制安全监测制度									
							组织开展针对操作人员进行的安全监测操作规程培训				✓	✓		✓	✓	
							个体防护措施				✓			✓	✓	
							应急处置措施				✓			✓	✓	

续表

风险点				排查内容		日常检查	定期	特别	综合	专项	季节性	重大活动及节假日	事故类比	专业诊断性
编号	类型	名称	等级	责任单位	序号	名称	检查项目	排查标准						

编号	类型	名称	等级	责任单位	序号	名称	检查项目	排查标准	日常检查	定期	特别	综合	专项	季节性	重大活动及节假日	事故类比	专业诊断性
									非汛期（非引水期）：每周至少2次；汛期（引水期）：每天至少1次/岗位	半年/单位	汛前、汛后、暴雨、有感地震、大洪水、热带风暴、供水期前后、冰冻期或持续高水位等/部门	每年1次/单位	每年2次/部门	部门	按需/单位	按需/部门	首次运行5年内，以后每6～10年一次安全鉴定/单位
2	设备设施	围坝安全监测设备	二级风险	××平原水库管理处	1	渗流监测设备	管控措施										
							技术措施										
							管理措施	编制安全监测制度				✓			✓		
							培训教育措施	对操作人员进行安全监测操作规程培训							✓	✓	
							个体防护措施					✓			✓	✓	
							应急处置措施										

附录 B （规范性）生产现场类隐患排查清单

续表

风险点				排查内容		日常检查	定期	特别	综合	专项	季节性	重大活动及节假日	事故类比	专业诊断性
编号	类型	名称	等级	责任单位	序号	名称	检查项目	排查标准						
1	设备设施	围坝安全监测设备	二级风险	××平原水库管理处		渗流监测设备	管控措施 岗位	技术措施：按照《土石坝安全监测技术规范》(SL 551—2012)规定设置渗流监测设施，并保证其正常工作	非汛期（非引水期）：每周至少2次；汛期（引水期）：每天至少1次/岗位	半年/单位	汛前、汛后、暴雨、大洪水、有感地震、强热带风暴、供水期前后、冰冻期或持续高水位等/部门	每年1次/单位	每年2次/部门	按需/部门	按需/单位	首次运行5年内，以后每6~10年一次安全鉴定/单位
							管理措施								
2							培训教育措施	参加针对操作人员进行的安全监测操作规程培训			√	√	√		
							个体防护措施								
							应急处置措施						√	√	

195

续表

风险点				排查内容		日常检查	定期	特别	综合	专项	季节性	重大活动及节假日	事故类比	专业诊断性
编号	类型	名称	责任单位	检查项目名称	排查标准									
2	设备设施	围坝安全监测设备	××平原水库管理处	变形监测（沉降、位移）设备	布设、监测应符合《土石坝安全监测技术规范》(SL 551—2012)第4章节的规定，监测资料整编与分析应符合《土石坝安全监测技术规范》(SL 551—2012)第9章节的规定	非汛期（非引水期）：每周至少2次；汛期（引水期）：每天至少1次/岗位	半年/单位	汛前、汛后、暴雨、大洪水、有感地震、热带风暴、强冰期前后，供水期或持续高水位等	每年1次/单位	每年2次/部门	√	按需/单位	按需/部门	首次运行5年内，以后每6~10年一次安全鉴定/单位
				二级风险										
				管控部门措施	技术措施	√		√	√	√		√	√	√
					管理措施				√	√		√	√	
					培训教育措施	组织编制安全监测制度								
					个体防护措施	组织开展针对操作人员进行的安全监测操作规程培训								
					应急处置措施									

附录 B （规范性）生产现场类隐患排查清单

续表

风险点				编号		检查项目	排查内容		日常检查	定期	特别	综合	专项	季节性	重大活动及节假日	事故类比	专业诊断性
责任单位	等级	名称	类型		序号	名称		排查标准									
××平原水库管理处	二级风险	围坝安全监测设备	设备设施	2	2	变形监测（沉降、位移）设备	管控措施		非汛期（非引水期）：每周至少2次；汛期（引水期）：每天至少1次/岗位	半年1次/单位	汛前、汛后、暴雨、大洪水、有感地震、强热带风暴、供水期前后、冰冻期或持续高水位等/部门	每年1次/单位	每年2次/部门	按需/部门	按需/单位	按需/部门	首次运行5年内，以后每6～10年一次安全鉴定/单位
							技术措施										
							管理措施	编制安全监测制度				√			√		
							培训教育措施	对操作人员进行安全监测操作规程培训				√			√	√	
							个体防护措施										
							应急处置措施										

197

续表

风险点					排查内容		检查项目	日常检查	定期	特别	综合	专项	季节性	重大活动及节假日	事故类比	专业诊断性
编号	类型	名称	等级	责任单位	序号	名称		排查标准								
2	设备设施	围坝安全监测设备	二级风险	××平原水库管理处	2	变形监测（沉降、位移）设备	技术措施	按照《土石坝安全监测技术规范》(SL 551—2012)规定设置设施，并保证其正常工作	非汛期（非引水期）：每周至少2次；汛期（引水期）：每天至少1次/岗位	半年/单位	汛前、汛后、暴雨、大洪水、有感地震、强热带风暴、供水期前后、冰冻期或持续高水位等部门	每年1次/单位	每年2次/部门	部门	按需/单位	按需/部门	首次运行5年内，以后每6~10年一次安全鉴定/单位
							管理措施					√	√		√		
							培训教育措施	参加针对操作人员进行的安全监测操作规程培训									
							个体防护措施					√				√	
							应急处置措施										

附录 B （规范性）生产现场类隐患排查清单

续表

编号	风险点			序号	检查项目	排查内容排查标准	日常检查	定期	特别	综合	专项	季节性	重大活动及节假日	事故类比	专业诊断性
	类型	名称	等级	责任单位											
2	设备设施	围坝安全监测设备	二级风险	××平原水库管理处	3	压力（应力）监测设备	工程标准	布设、监测应符合《土石坝安全监测技术规范》（SL 551—2012）第 6 章节的规定，监测资料整编与分析应符合《土石坝安全监测技术规范》（SL 551—2012）第 9 章节的规定	非汛期（非引水期）：每周至少 2 次；汛期（引水期）：每天至少 1 次/岗位	半年/单位	汛前、汛后、暴雨、大洪水、有感地震、强热带风暴、供水期前后、冰冻期或持续高水位等/部门	每年 1 次/单位	每年 2 次/部门	部门	按需/单位	按需/部门	首次运行 5 年内，以后每 6～10 年一次安全鉴定/单位
							管控措施	岗位	技术措施		√	√		√	√	√	√	√
									管理措施	组织编制安全监测制度				√			√	√
									培训教育措施	组织开展针对操作人员进行的安全监测操作规程培训				√				√
									个体防护措施								√	√
									应急处置措施									√

199

续表

风险点					排查内容				日常检查	定期	特别	综合	专项	季节性	重大活动及节假日	事故类比	专业诊断性
编号	类型	名称	等级	责任单位	序号	名称	检查项目		排查标准								
2	设备设施	围坝安全监测设备设施	二级风险	××平原水库管理处	3	压力（应力）监测设备	管控措施	班组	技术措施		非汛期（非引水期）：每周至少2次；汛期（引水期）：每天至少1次/岗位	半年/单位	汛前、汛后、暴雨、大洪水、有感地震、强热带风暴、供水期前后、冰冻期或持续高水位等/部门	每年1次/单位	每年2次/部门	部门	按需/单位	按需/部门	首次运行5年内，以后每6~10年一次安全鉴定/单位
									管理措施	编制安全监测制度				√			√	√	
									培训教育措施	对操作人员进行安全监测操作规程培训				√			√	√	
									个体防护措施										
									应急处置措施										

附录 B （规范性）生产现场类隐患排查清单

续表

风险点				排查内容		检查项目	日常检查	定期	特别	综合	专项	季节性	重大活动及节假日	事故类比	专业诊断性
编号	类型	名称	等级	责任单位											
2	设备设施	围坝安全监测设备	二级风险	××平原水库管理处			非汛期（非引水期）：每周至少2次；汛期（引水期）：每天至少1次/岗位	半年/单位	汛前、汛后、暴雨、大洪水、有感地震、热带风暴、供水期前或持续冻期高水位等	每年1次/单位	每年2次/部门	按需/部门	按需/单位	按需/部门	首次运行5年内，以后每6~10年一次安全鉴定/单位
					排查标准	管控措施									
					按照《土石坝安全监测技术规范》（SL 551—2012）规定设置渗流监测设施，并保证其正常工作	技术措施									
						管理措施					√				
					参加针对操作人员进行的安全监测操作规程培训	培训教育措施				√			√		
						个体防护措施									
						应急处置措施			√					√	
				压力（应力）监测设备		岗位									
				3											

201

续表

风险点					排查内容		日常检查	定期	特别	综合	专项	季节性	重大活动及节假日	事故类比	专业诊断性
编号	类型	名称	等级	责任单位	名称	序号	检查项目	排查标准								
2	设备设施	围坝安全监测设备	二级风险	××平原水库管理处	环境量监测设备	4	工程标准	库水位不能超过最大设计水位29.8m，布设、监测应符合《土石坝安全监测技术规范》(SL 551—2012)第7章节的规定。监测资料整编与分析应符合《土石坝安全监测资料整编与分析技术规范》(SL 551—2012)第9章节的规定	非汛期（非引水期）：每周至少2次；汛期（引水期）：每天至少1次/岗位	半年/单位	汛前、汛后、大洪水、暴雨、有感地震、热带风暴、强供水期前后、冰冻期或持续高水位等/部门	每年1次/单位	每年2次/部门	√	按需/单位	按需/部门	首次运行5年内，以后每6~10年一次安全鉴定/单位
							管控措施	管理措施	组织编制安全监测制度	√			√	√	√	
								培训教育	组织开展针对操作人员进行的安全监测操作规程培训				√	√	√	
							岗位	个体防护								
								应急处置措施								

附录 B （规范性）生产现场类隐患排查清单

续表

风险点				排查内容			日常检查	定期	特别	综合	专项	季节性	重大活动及节假日	事故类比	专业诊断性
编号	类型	名称	等级	责任单位	序号	名称	检查项目		排查标准						
2	设备设施	围坝安全监测设备	二级风险	××平原水库管理处	4	环境量监测设备	管控班组	技术措施		非汛期（非引水期）：每周至少2次；汛期（引水期）：每天至少1次/岗位	半年/单位	汛前、汛后、暴雨、大洪水、有感地震、热带风暴、强水期前后、冻期或持续高水位等/部门	每年1次/单位	每年2次/部门	部门	按需/单位	按需/部门	首次运行5年内，以后每6~10年一次安全鉴定/单位
								管理措施	编制安全监测制度				√		√	√	
								培训教育措施	对操作人员进行安全监测操作规程培训				√		√	√	
								个体防护措施									
								应急处置措施									

203

续表

风险点				排查内容		检查项目	管控措施	日常检查	定期	特别	综合	专项	季节性	重大活动及节假日	事故类比	专业诊断性
编号	类型	名称	等级	责任单位	序号	名称		排查标准								
2	设备设施	闸坝安全监测设备	二级风险	××平原水库管理处	4	环境量监测设备	技术措施	按照《土石坝安全监测技术规范》(SL 551—2012) 规定设置渗流监测设施, 并保证其正常工作	非汛期(非引水期): 每周至少2次; 汛期(引水期): 每天至少1次/岗位	半年/单位	汛前、汛后、大洪水、有感地震、暴雨、热带风暴、强供水期前后、冻期或持续高水位等/部门	每年1次/单位	每年2次/部门	按需/部门	按需/单位	按需/部门	首次运行5年内, 以后每6～10年一次安全鉴定/单位
							管理措施						√	√		
							培训教育措施	参加针对操作人员进行的安全监测操作规程培训								
							个体防护措施				√				√	
							应急处置措施									

204

附录 C
（资料性）
水利工程运行管理生产安全重大事故隐患清单

表 C.1-1 水利工程运行管理生产安全重大事故隐患清单

序号	管理对象	隐患编号	隐 患 内 容
1	水利工程通用	SY-T001	有泄洪要求的闸门不能正常启闭；泄水建筑物堵塞，无法正常泄洪；启闭机自动控制系统失效
2		SY-T002	有防洪要求的工程未按照设计和规范设置监测、观测设施或监测、观测设施设置严重缺失；未开展监测观测
3	水库大坝工程	SY-K001	大坝安全鉴定为三类坝，未采取有效管控措施
4		SY-K002	大坝防渗和反滤排水设施存在严重缺陷；大坝渗流压力与渗流量变化异常；坝基扬压力明显高于设计值，复核抗滑稳定安全系数不满足规范要求；运行中已出现流土、漏洞、管涌、接触渗漏等严重渗漏现象；大坝超高不满足规范要求；水库泄洪能力不满足规范要求；水库防洪能力不足
5		SY-K003	大坝及泄水、输水金属结构安全检测结果为"不安全"，强度、刚度及稳定性不满足规范要求，存在危及工程安全的异常变形或坝岸坡不稳定
6		SY-K004	有泄洪要求的闸门、启闭机等金属结构维护不善、变形、锈蚀、磨损严重，不能正常运行
7		SY-K005	未经批准擅自调高水库汛限水位；水库未经蓄水验收即投入使用

205

续表

序号	管理对象	隐患编号	隐 患 内 容
8	水电站工程	SY-D001	小型水电站安全评价为C类，未采取有效管控措施
9		SY-D002	主要发供电设备异常运行已达到规程标准的紧急停运条件而未停止运行；可能出现六氟化硫泄漏，聚集的场所，未设置监测报警及通风装置；有限空间作业未经审批或未开展有限空间气体检测
10	泵站	SY-B001	泵站综合评定为三类、四类，未采取有效管控措施
11	水闸工程	SY-Z001	水闸安全鉴定为三类、四类，未采取有效管控措施
12		SY-Z002	水闸的主体结构不均匀沉降、垂直位移超出允许值，可能导致整体失稳
13		SY-Z003	水闸监测发现铺盖、底板、上下游连接段底部淘空存在失稳的可能
14	堤防工程	SY-F001	堤防安全综合评价为三类，未采取有效管控措施
15		SY-F002	堤防渗流坡和覆盖层盖重不满足规范要求，或已发现危及堤防稳定的现象
16		SY-F003	堤防及防护结构稳定性不满足标准的要求，止水失效，漏水严重
17	引调水及灌区工程	SY-YG001	渡槽及跨渠建筑物地基沉降量超过设计要求；排架倾斜较大，水下基础露空较大，超过设计要求；渡槽结构主体结构破坏严重、碳化破损严重
18		SY-YG002	隧洞洞脸边坡不稳定；隧洞周围岩或支护结构严重变形
19		SY-YG003	高填方或傍山渠坡出现涌水管涌等渗透破坏现象或塌陷、边坡失稳等现象
20	淤地坝工程	SY-NK001	下游影响范围内有村庄、学校、工矿等的大中型淤地坝无溢洪道或溢洪道淤积、堵塞、坍塌；坝体坝肩出现贯通横向裂缝或纵向滑动性裂缝，坝坡出现破坏性滑坡、塌陷、冲沟，管涌、流土，坝体出现冲刷、断裂、坍塌损毁或溢洪道出现损坏、基部淘刷、悬空等现象；放水建筑物（卧管、竖井、涵洞、涵管等）或溢洪道出现裂缝、断裂、坍塌、基部淘刷、悬空

附录 D
（资料性）
隐患排查计划表

表 D.1-1 隐患排查计划表

序号	排查类型	排查时间	排查目的	排查要求	排查范围	组织（责任）级别	排查人员	备注
1	日常隐患排查	管理处、（班组）岗位员工的交接班和班中巡检时，以及各种专业技术人员的日常工作中	及时发现和消除日常的事故隐患，确保工程运行及作业安全	按照隐患排查清单进行检查和巡查	主要检查设备、设施、场所和现场违章行为	管理处、（班组）岗位		
2	定期隐患排查	每年调水前后、汛前、汛中、汛后、冰冻期前后等	定期隐患应结合观测工作及有关资料分析进行，消除隐患，确保生产安全	按照隐患排查清单进行检查	对大坝、输水管道、泵站、水闸等各项设施进行定期排查	管理局、管理处		
3	特别隐患检查	工程非常运用和发生重大事故、特大暴雨洪水、台风、地震灾害时	排查非正常工况运行后的安全生产隐患，确保生产安全	按照隐患排查清单进行检查	对大坝、输水管道、泵站等各项设施进行全面排查	管理局、管理处		
4	综合性隐患检查	每季度	通过全面排查、发现和消除各类事故隐患，确保生产安全	按照隐患排查清单进行检查	以各级安全生产责任制、各项专业管理制度和安全生产管理制度落实情况为重点，进行全面排查	管理局、管理处		

207

续表

序号	排查类型	排查时间	排查目的	排查要求	排查范围	组织（责任）级别	排查人员	备注
5	专项隐患排查	每月	及时发现和消除各类建筑物存在的各类问题和隐患，确保运行安全	按照隐患排查清单进行检查	对大坝、输水管道等重要建筑物设备及配电设施等重要设备进行隐患排查	管理局、管理处		
6	季节性隐患排查	每季度	防范和消除季节性气候可能造成的各类隐患，保障施工安全	按照隐患排查清单进行检查	对所属区域内的设备、设施、人员等进行全面检查	管理局、管理处		
7	重大活动及节假日前隐患排查	重大活动及节假日期间	防范重大活动及节假日可能造成的各类隐患，确保生产安全	按照隐患排查清单进行检查	对生产是否存在异常状况和隐患、备用设备状态、备品备件、生产值守、应急物资储备、单位的检查，特别是要对节日干部带班带班、紧急抢修力量安排、备件及各类物资储备和应急工作进行重点检查	管理局		
8	事故类比隐患排查	同类单位或项目发生伤亡及险情等事故后	吸取事故经验，防范类似事故再次发生，确保生产安全	按照隐患排查清单进行检查	对同类型作业活动或设备设施进行全面检查	管理局、管理处		
9	专业诊断性检查（安全鉴定）	法规、规范及行业有关规定或工程实际需要	由专门的（资质）机构对水工建筑物的工程质量和安全性做出科学的评价，对症下药全管制，保障水利工程安全运行	按照隐患排查清单进行检查	按规定对水库、水闸、泵站、渠系（堤防）等工程全面或部分进行安全鉴定评价	管理局		

附录 E
（资料性）
安全事故隐患检查表

表 E.1-1 南水北调东线山东干线工程安全事故隐患检查表

检查人：   时间：

目的	结合附表 A、附表 B，对生产过程中可能存在的危险因素、缺陷进行查证，查找不安全行为、危险因素或缺陷存在状态，以及它们转化为事故的条件，制定整改措施，消除或整改隐患，确保达到安全生产要求				
要求	按照《安全隐患检查表》认真检查，查找安全隐患。对查出的问题及时整改，暂时无法整改的应制定有效的预防措施，并立即向领导汇报				
频次					
内容	按照相关规定、标准执行				
序号	检查项目	检 查 标 准	检查方法（或依据）	检 查 评 价	
^^^	^^^	见检查项目	^^^	符合	不符合及主要问题
1	目标责任类	检查年度安全目标、各级责任制、工作计划、保证措施，并履行编制、审核、批准手续等	现场查看文件等		
2	制度类	按照相关规定检查各类制度制定文件、配套记录、措施等是否齐全、合规等	现场查看文件等		
3	劳动纪律	检查有无违章指挥、违章作业、违反劳动纪律的现象	检查现场，查看文件资料等		

209

续表

序号	检查项目	检查标准	检查方法（或依据）	检查评价 符合	检查评价 不符合及主要问题
4	安全教育	查班组安全活动，班组安全活动应有内容、有记录、有检查签字；特种作业人员是否持证上岗；对转岗、调岗及脱岗15天以上者是否进行班组级安全培训教育；是否落实传帮带，班组员工是否进行互联，对新员工是否进行三级安全培训；是否落实传帮带，班组员工是否按照班组培训计划进行培训，培训是否有责任状签订；员工的安全培训是否按照班组培训计划进行验证，培训不及格人员是否一人一档填写是否规范，培训结果登记是否有验证，培训不及格人员是否有处理结果并记录等	检查现场、检查记录		
5	外来施工方相关方管理	区域内是否有外来施工队伍，施工是否影响正常操作，是否落实分管区域内施工过程中的监督管理。交叉作业时建设类的相关法规、规范标准执行要求。相关方的施工管理严格按照施工建设类的相关法规、规范标准执行并监督管理	查现场		
6	人员及现场管理	检查工作现场是否清洁、有序，员工劳动防护用品穿戴是否符合要求；应急及安全设施是否定期维护保养，时刻处于备用状态等；检查各种安全设施是否处于正常使用状态，是否存在高处抛扔物品现象；作业场所进行警示划分，是否存在高处抛扔物品现象。作业场所按规定设置警示标志，日常巡检是否有记录，冲洗设施及应急防护器具是否齐全、完好齐全，日常巡检是否有记录，柜内设施是否齐全、完好；是否有酒后上岗及岗中饮酒现象；员工精神状态是否良好；是否有脱岗、离岗现象。班组是否有禁烟区吸烟现象，是否有脱岗、离岗现象。班组是否针对现场突发事件进行现场处置演练、演练是否有记录，作业场所是否有饮食现象；使用有毒、危化品作业场所是否有饮食现象等	检查现场、检查记录		

210

附录 E （资料性）安全事故隐患检查表

续表

序号	检查项目	检查标准	检查方法（或依据）	检查评价 符合	检查评价 不符合及主要问题
7	特殊作业	检查本班组动火作业、进入受限空间作业、高处作业等危险作业，是否进行作业许可，是否进行断电挂牌，动火作业是否清理现场可燃物，是否配置消防设施，涉及化学品工艺是否进行清洗置换，是否进行检测，其他特殊作业是否按照相关规范标准进行落实安全措施和备用器具	检查现场、检查记录		
8	工作流程	检查本班组各区域流程指标的执行和变化情况；检查管线及阀门工作状态，有无震动、松动，跑、冒、滴、漏、腐蚀、堵塞等情况；检查阀门开关是否灵活，是否有开关不到位、过紧、过松异动、内漏外流、腐蚀、堵塞异常情况。检查有关设施有关异常情况	依据安全操作规程检查现场和记录		
9	机械设备	检查运转设备的基础牢固情况，运转及润滑情况，各运转部件是否有异常响声，裸露的油气管线、辅机及管线是否完好可靠，各运转部件防护罩是否完好可靠；检查设备的运转状态，检查温度、压力、阻力、流量等是否在范围之内，液位指示是否准确，设备基础是否有油污存在。环保设施运行是否正常，是否有跑、冒、滴、漏现象，是否有废水外排现象、外排尾气是否正常，有无粉尘浮尘	依据有关要求及安全操作规程检查现场		

211

续表

序号	检查项目	检查标准	检查方法（或依据）	检查评价 符合	检查评价 不符合及主要问题
10	电气设备	检查电气设备的工作状态，电机声音是否增大，振动是否增强，保护接地是否牢靠，电机及轴承温度是否升高，电机及电器元件是否有火花及异常声音、气味、电流、电压等是否在指标范围内。检查本班组（工段）范围内的配电室门窗、玻璃，是否齐全。防火、防水、防小动物措施是否齐全，应急照明是否正常	依据有关要求及操作规程检查现场		
11	临时用电	检查是否有临时用电安全管理制度；检查是否有临时用电施工方案，验收和相关记录，是否防雷，是否接地；电缆敷设是否符合设计规范要求，现场用电设施是否采用三级配电、保护接地，逐级保护；固定式配电箱（二级以上）必须设置围栏保护；检修是否使用合格的绝缘工具；是否有施工现场预防发生电气火灾的措施；检查是否电缆线有破皮、老化现象，是否有地爬线及护腰线或栏杆等严禁现象	安全操作规程检查现场		
12	控制（仪表）设备	检查各类仪表的工作状态、指示是否准确、反应是否灵敏、仪表及阀门动作是否统一。在条件变化的情况下仪表是否有变化、变化是否在符合的范围内，有无锈蚀、松动等	依据操作规程检查现场		
13	关键装置及重点部位	关键装置及重点部位是否确定责任人，设备设施运行是否正常，各监测报警装置是否完好，安全附件是否在检测期内并运行正常，日常安全检查记录是否齐全，各安全阀是否按照要求进行手动测试，是否有记录	查现场、查记录		

212

附录 E （资料性）安全事故隐患检查表

续表

序号	检查项目	检查标准	检查方法（或依据）	检查评价	
				符合	不符合及主要问题
14	特种设备	各种特种设备是否正常，紧固螺栓是否松动，设备运行是否有异响，是否漏油，U形环、吊环、链条是否磨损，光喇叭是否正常，门架是否腐蚀损坏，是否有违规违纪现象，各行车是否清洁，各安全控制装置是否正常，是否有日常检查记录，记录是否齐全有无漏检现象	查现场、查记录		
15	消防设施	各种通道是否畅通无阻，应急灯具是否完好无损，区域内消防栓开启灵活，出水正常，排水良好，出水口无扣盖，橡胶垫圈齐全完好；消防枪消防水带等完好。消防栓及消防管的配备数量和地点是否符合标准；消防柜内器材附件完好无损，消防通道通畅无阻，消防水管保温良好；各类灭火器材，消防设施是否完好，是否定点足量放置，是否对应类别，是否按照要求进行月度检查，记录是否齐全	查现场、查记录		
16	防雷、照明、给排水等	检查照明、防雷设施是否规范、正常，给排水系统是否有跑、冒、滴、漏，污水外漏现象等	依据安全操作规程检查现场		
17	警示标志	区域内的警示标志和告知牌是否完好无损；警示标识牌是否保持整洁，警示标识牌是否规范、是否存在未配置或配备不足的现象	查现场、查记录		
18	场区、食堂	检查相关设施设备，检查用电、用气、用水是否规范、安全	检查现场		

213

附录 F
（资料性）
隐患整改通知书表样

表 F.1-1　　　　　　　　　　隐 患 整 改 通 知 书

责任单位（管理处、班组）：　　　　　　　　　　　　　　　　　　　　编号：

被检查单位		检查时间	
检查内容			
存在隐患和问题			
整改要求			
检查组成员签字	日期：	被检单位负责人签字	

注　1. 检查单位、被检查单位各留存 1 份。
　　2. 整改后填写隐患整改报告书。

214

附录 F （资料性）隐患整改通知书表样

表 F.1-2 　　　　　　　　隐 患 整 改 报 告 书

报告单位（管理处、班组）（章）：　　　　　　　　　　　原隐患整改通知书编号：

检查单位		检查时间	
存在隐患和问题			
整改要求			
整改完成情况			
整改责任人签字		日期：	被检查单位盖章
检查组确认签字			

注　1. 附原隐患整改通知书。
　　2. 整改情况要有整改人、整改时间、整改措施等内容。
　　3. 单位委托技术管理服务机构提供事故隐患排查治理服务的，事故隐患排查治理的责任仍由本单位负责。

表 F.1-3　　　　　　　　　重大事故隐患排查治理台账

编号：

单位名称		单位负责人	
隐患名称		隐患类型	
发现时间		治理完成时限	
隐患概况：（包括隐患形成原因、可能影响范围、造成的死亡人数、造成的职业病人数、造成的直接经济损失）			
重大隐患评估			
主要治理方案：（包括治理措施、所需资金、完成时限、治理期间采取的防范措施和应急措施）			
整改情况			
单位分管领导意见	日期：		
单位主要负责人意见	日期：		

附录 F （资料性）隐患整改通知书表样

表 F.1-4 事故隐患排查治理台账

序号	隐患内容	排查日期	所属单位	隐患等级	整改措施	责任人	限改日期	整改情况	复查人	复查时间	备注

参 考 文 献

[1] GB/T 23698—2009 风险管理术语.
[2] SL/T 318—2020 水利血防技术规范.
[3] DB 37/T 2882—2016 山东省安全生产风险分级管控体系通则.
[4] DB 37/T 2974—2017 工贸企业安全生产风险分级管控体系细则.
[5] DB 37/T 3015—2017 建筑施工企业安全生产风险分级管控体系细则.
[6] DB 37/T 3513—2019 水利工程运行管理单位生产安全事故隐患排查治理体系细则.
[7] DB 37/T 3519—2019 水利工程运行管理单位安全生产风险分级管控体系细则.
[8] DB 37/T 4260—2020 灌区工程运行管理单位安全生产风险分级管控体系实施指南.
[9] DB 37/T 4261—2020 河道工程运行管理单位安全生产风险分级管控体系实施指南.
[10] DB 37/T 4263—2020 引调水工程运行管理单位安全生产风险分级管控体系实施指南.
[11] DB 37/T 3512—2019 水库工程运行管理单位安全生产风险分级管控体系实施指南.
[12] DB 37/T 4260—2020 灌区工程运行管理单位安全生产风险分级管控体系实施指南.
[13] DB 37/T 4262—2020 河道工程运行管理单位安全生产事故隐患排查治理体系实施指南.
[14] DB 37/T 4264—2020 水库工程运行管理单位安全生产事故隐患排查治理体系实施指南.
[15] DB 37/T 4266—2020 引调水工程运行管理单位安全生产事故隐患排查治理体系实施指南.
[16] GA/T 1710—2020 南水北调工程安全防范要求.
[17] 水利部关于开展水利安全风险分级管控的指导意见（水监督〔2018〕323 号）.
[18] 南水北调工程供用水管理条例（国务院令第 647 号）.
[19] 山东省南水北调条例（山东省人民代表大会常务委员会 2015 年公告第 84 号公布）.
[20] 山东省安全生产条例（2021 年山东省第十三届人民代表大会常务委员会第三十二次会议修订）.
[21] 山东省安全生产风险管控办法（2020 年省政府令第 331 号）.
[22] 山东省水利工程运行管理单位风险分级管控和隐患排查治理体系评估办法及标准（试行）.

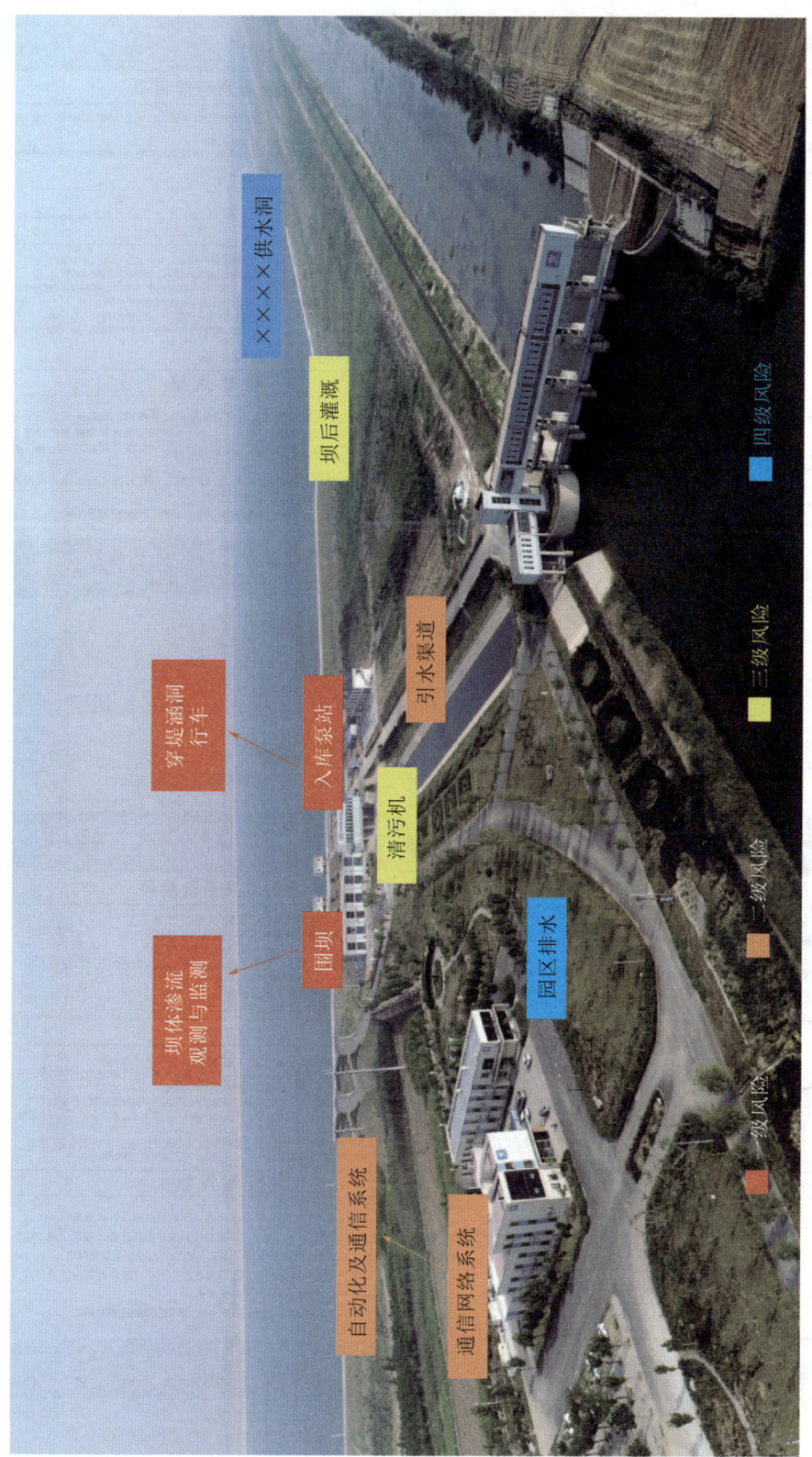

附图1　××××平原水库安全风险四色分布图

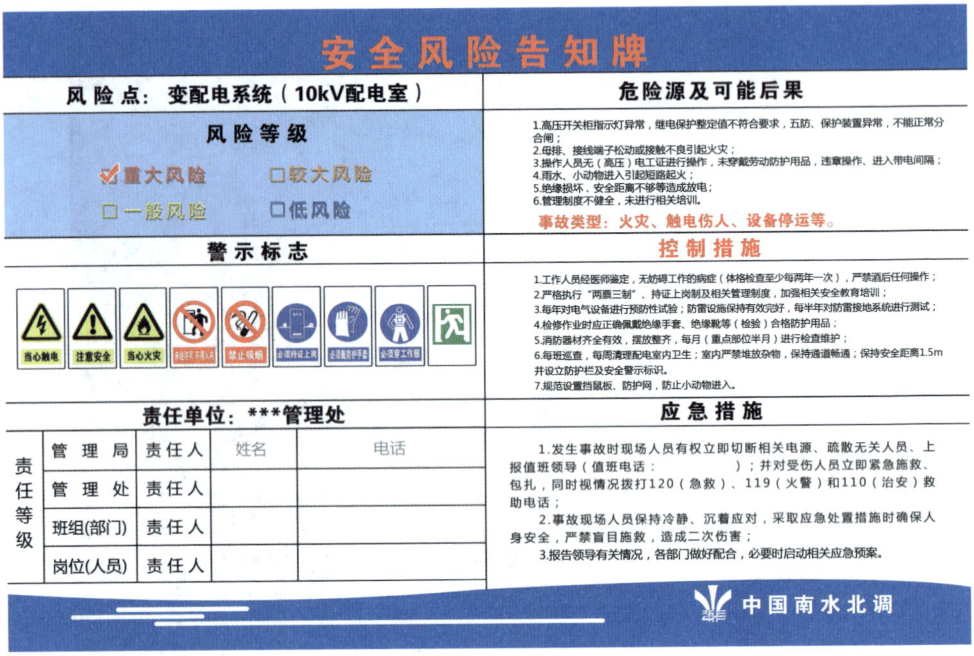

附图2 安全风险告知牌标准

说明：长宜为（45+45）cm，宽宜为60cm。可根据具体情况适当调整，均匀、美观、适宜分布。

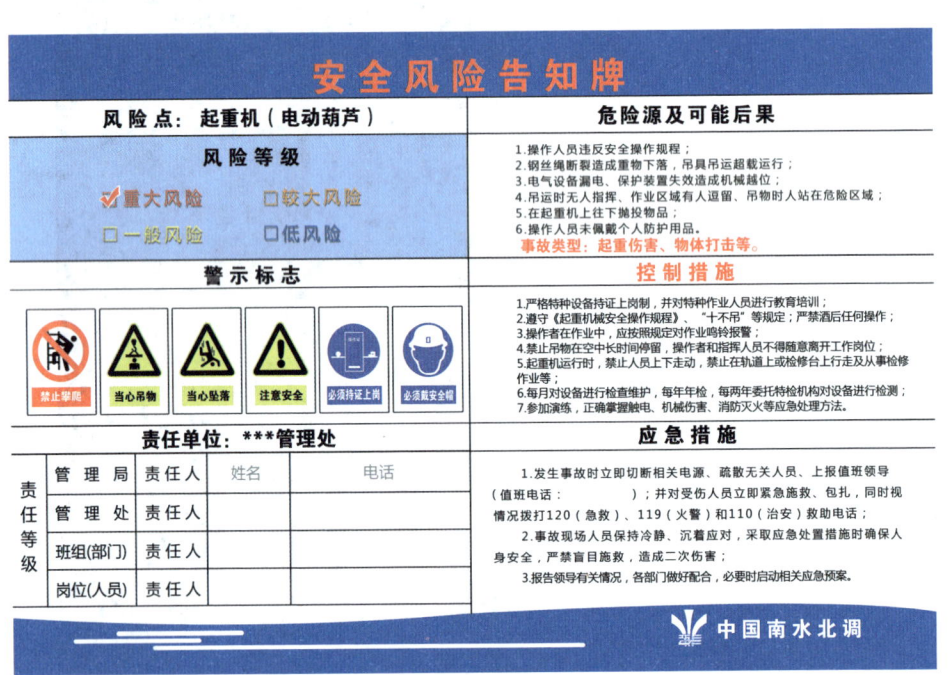

附图3 安全风险告知牌样例（1）

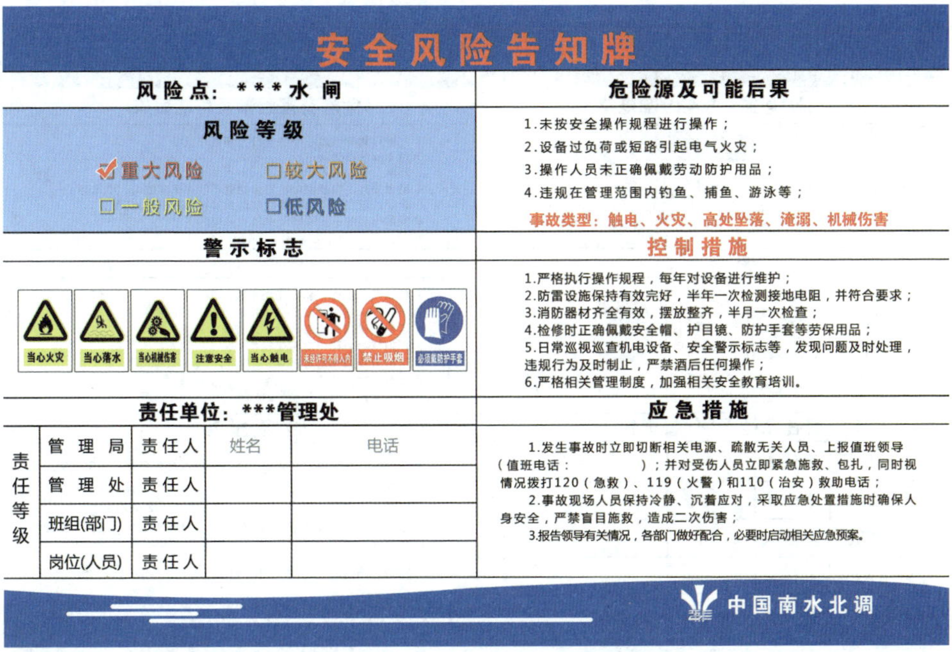

附图4　安全风险告知牌样例（2）

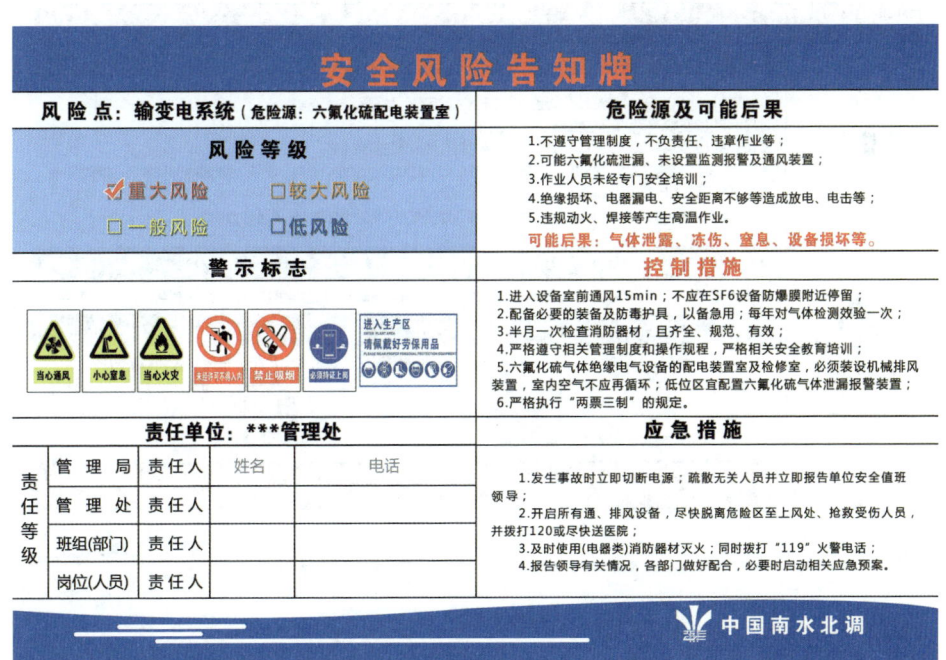

附图5　安全风险告知牌样例（3）

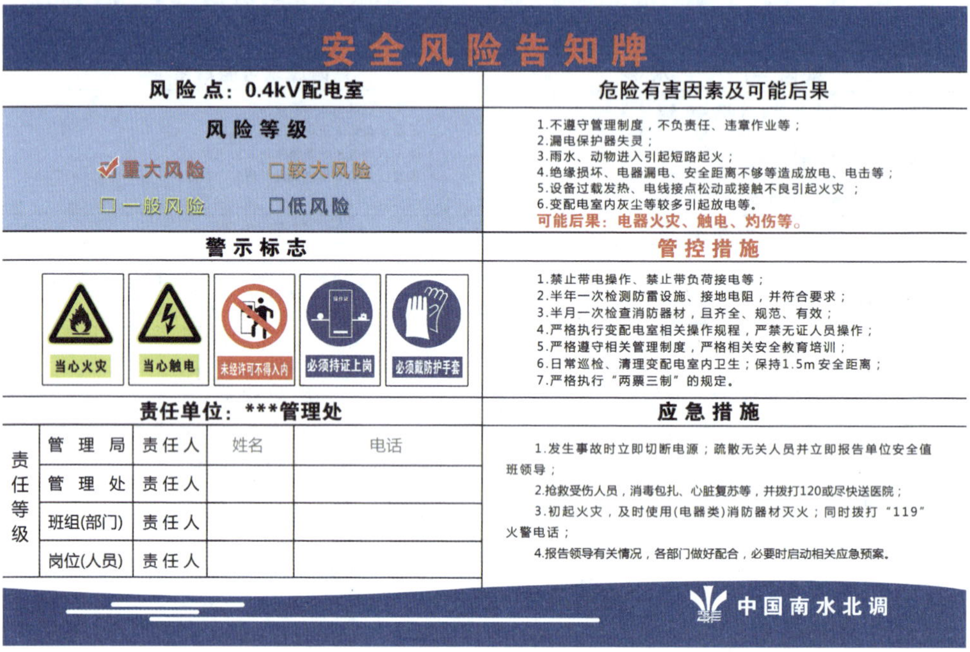
安全风险告知牌
风险点：0.4kV配电室
危险有害因素及可能后果
1.不遵守管理制度，不负责任、违章作业等；
2.漏电保护器失灵；
3.雨水、动物进入引起短路起火；
4.绝缘损坏、电器漏电、安全距离不够等造成放电、电击等；
5.设备过载发热、电线接点松动或接触不良引起火灾；
6.变配电室内灰尘等较多引起放电等。
可能后果：电器火灾、触电、灼伤等。
风险等级
重大风险
较大风险
一般风险
低风险
警示标志
当心火灾
当心触电
未经许可不得入内
必须持证上岗
必须戴防护手套
管控措施
1.禁止带电操作、禁止带负荷接电等；
2.半年一次检测防雷设施、接地电阻，并符合要求；
3.半月一次检查消防器材，且齐全、规范、有效；
4.严格执行变配电室相关操作规程，严禁无证人员操作；
5.严格遵守相关管理制度，严格相关安全教育培训；
6.日常巡检、清理变配电室内卫生；保持1.5m安全距离；
7.严格执行“两票三制”的规定。
责任单位：***管理处
责任等级
管理局
管理处
班组(部门)
岗位(人员)
责任人
姓名
电话
应急措施
1.发生事故时立即切断电源；疏散无关人员并立即报告单位安全值班领导；
2.抢救受伤人员，消毒包扎、心脏复苏等，并拨打120或尽快送医院；
3.初起火灾，及时使用(电器类)消防器材灭火；同时拨打“119”火警电话；
4.报告领导有关情况，各部门做好配合，必要时启动相关应急预案。
中国南水北调

附图 6　安全风险告知牌样例（4）

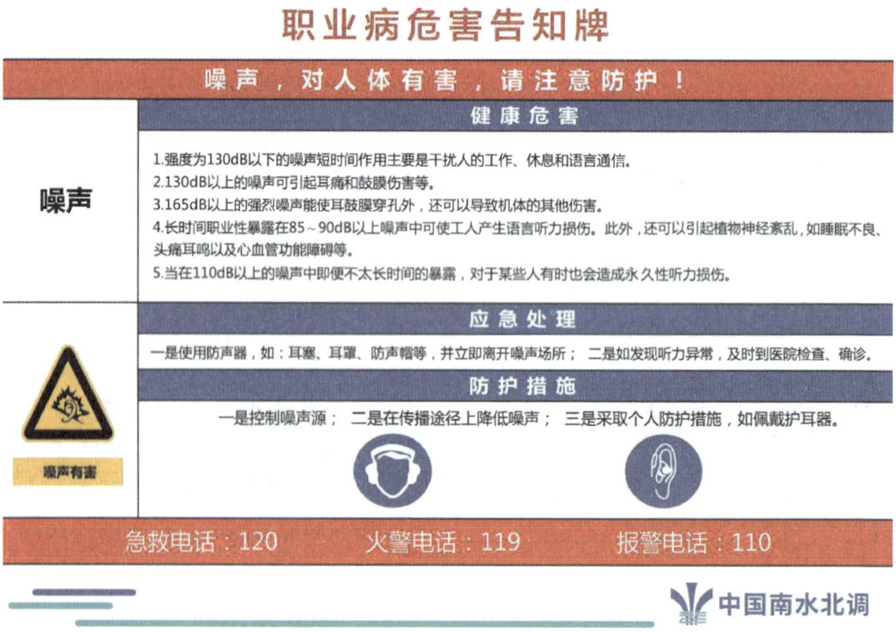
职业病危害告知牌
噪声，对人体有害，请注意防护！
噪声
健康危害
1.强度为130dB以下的噪声短时间作用主要是干扰人的工作、休息和语言通信。
2.130dB以上的噪声可引起耳痛和鼓膜伤害等。
3.165dB以上的强烈噪声能使耳鼓膜穿孔外，还可以导致机体的其他伤害。
4.长时间职业性暴露在85～90dB以上噪声中可使工人产生语言听力损伤。此外，还可以引起植物神经紊乱，如睡眠不良、头痛耳鸣以及心血管功能障碍等。
5.当在110dB以上的噪声中即便不太长时间的暴露，对于某些人有时也会造成永久性听力损伤。
应急处理
一是使用防声器，如：耳塞、耳罩、防声帽等，并立即离开噪声场所；二是如发现听力异常，及时到医院检查、确诊。
防护措施
一是控制噪声源；二是在传播途径上降低噪声；三是采取个人防护措施，如佩戴护耳器。
噪声有害
急救电话：120
火警电话：119
报警电话：110
中国南水北调

附图 7　职业病危害告知牌样例

附图 8　安全风险告知牌安装要求示意图

说明：

（1）安装风险告知牌的中心高度为 1.6～2.0m（参照 GB/T 15566.1—2020 的第 6.4 条设置高度）。

（2）不应安装在移动的物体（门、窗等）上。

（3）各告知牌尺寸、相关内容可根据本单位实际情况适当调整。

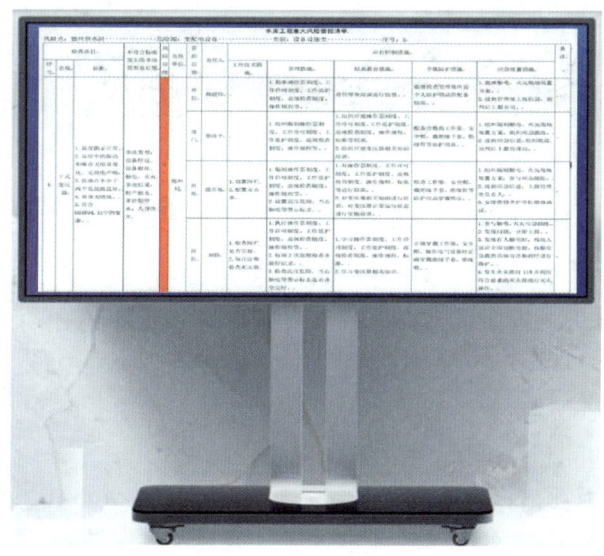

附图 9　重大风险告知栏标准

说明：

重大风险告知栏还可采用电子大屏幕显示，显示屏尺寸为 45cm、55cm、65cm。

223

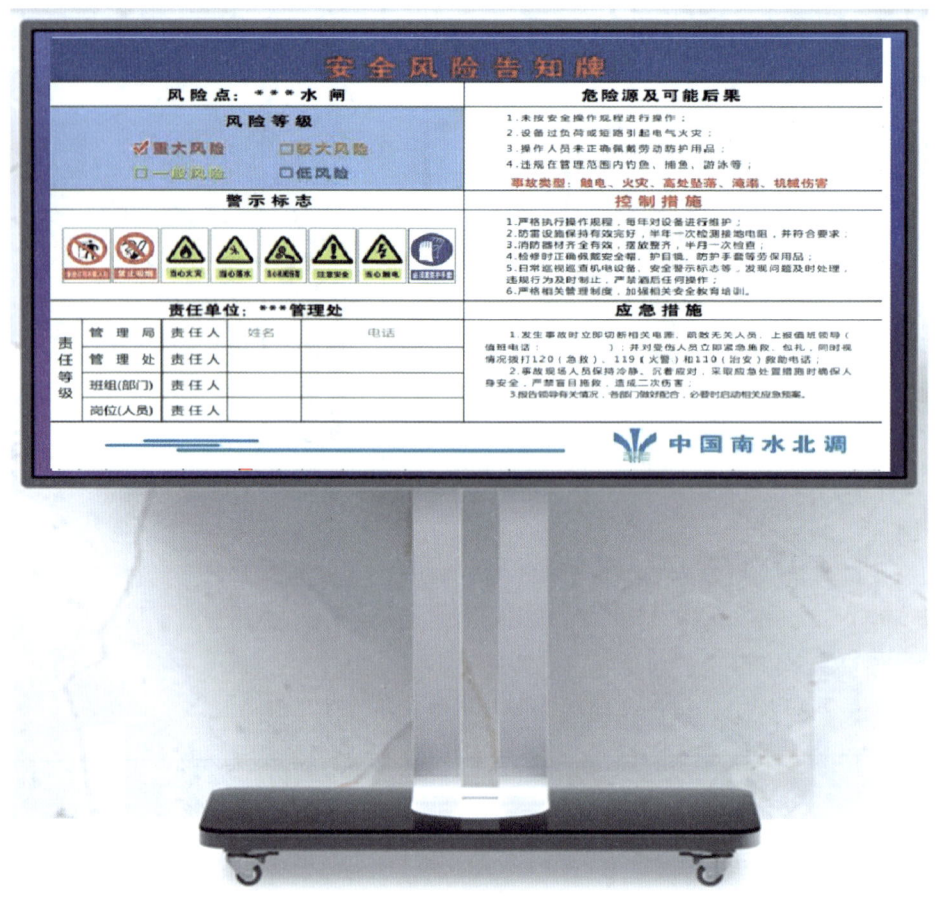

附图 10　重大风险告知栏示意图

说明：

（1）风险告知牌内容中的警示标志排序仅参考相关规定，GB/T 2893.5—2020 中未提及相关内容。

（2）GB 2894—2008 第 9.5 条规定：多个标志在一起设置时，应按禁止、警告、指令、提示类型的顺序，先左后右、先上后下排列。

（3）《用人单位职业病危害告知与警示标识管理规范》（安监总厅安健〔2014〕111 号）第 30 条规定：多个警示标识在一起设置时，应按禁止、警告、指令、提示类型的顺序，先左后右、先上后下排列。

（4）根据人们的认知习惯和规范的有效性，告知牌内容中的警示标志排序参考 GB 2894 的规定执行。